W0270982

Inhalt

Lernspiralen zum Thema Prozentrechnung

Autorinnen und Autoren: Johanna Harnischfeger, Sigrid Hohmeyer, Christa Juen-Kretschmer, Heiner Juen, Dirk Merz

Lernspiralen zum Thema Zuordnungen

Autorinnen und Autoren: Johanna Harnischfeger, Sigrid Hohmeyer, Christa Juen-Kretschmer, Heiner Juen, Dirk Merz

Herausgeberin und Herausgeber:

Johanna Harnischfeger
Lehrerin für Mathematik, Physik und Informatik, Mitarbeiterin am LISUM Berlin

Heiner Juen
Lehrer der Fächer Mathematik und Physik, Mitarbeit bei der Entwicklung der Bildungsstandards in Österreich

Autorinnen und Autor:

Sigrid Hohmeyer
Lehrerin für Mathematik und Physik, Mitarbeiterin am LISUM Berlin

Christa Juen-Kretschmer
Lehrerin des Faches Mathematik, Mitarbeiterin am Pädagogischen Institut für Tirol

Dirk Merz
Lehrer für Mathematik und Physik, Mitarbeiter am Studienseminar GHRF Wiesbaden

Klippert bei Klett

Prozentrechnung

Der Lern- und Arbeitsprozess

A Vorwissen und Voreinstellungen aktivieren

Die Lernspirale LS 01 dient zur Wiederholung der Darstellung von Bruch- und Dezimalzahlen und der Berechnung von Bruchteilen.

LS 01 Bruchzahlen – Dezimalzahlen – Anteile ▶ Fragen und Aufgaben zur Bruch- und Dezimalzahlschreibweise sowie zur Berechnung von Bruchteilen in Einzelarbeit aufarbeiten ▶ Ergebnisse in Zufallsgruppen vergleichen ▶ Kurzvorstellung der Lösungen im Plenum ▶ Vervollständigung der eigenen Notizen im Schulheft

Abkürzungen und Siglen

LS = Lernspirale
LV = Lehrervortrag
EA = Einzelarbeit
PA = Partnerarbeit
GA = Gruppenarbeit
PL = Plenum
HA = Hausarbeit/ Hausaufgabe
L = Lehrerin oder Lehrer
S = Schülerinnen und Schüler

In den Erläuterungen zur Lernspirale wird für Lehrerinnen und Lehrer bzw. für Schülerinnen und Schüler ausschließlich die männliche Form verwendet. Dabei ist die weibliche Form stets mitgemeint.

B Neue Kenntnisse und Verfahrensweisen erarbeiten

In LS 02 erarbeiten sich die S einzelne Möglichkeiten, Anteile zu vergleichen. Im kurzen Lehrervortrag wird auf absolute und relative Vergleiche hingewiesen und der Begriff Prozent erläutert. In einer nachfolgenden Gruppenarbeit wenden die S den Begriff selbstständig an. In LS 03 erarbeiten sich die S notwendige Kenntnisse, um Prozente in verschiedenen Diagrammen darstellen zu können. In Lernspirale LS 04 werden die vielfältigen Anwendungen des Prozentbegriffes behandelt. In LS 05 wird mit den Grundbegriffen der Prozentrechnung Grundwert, Prozentsatz und Prozentwert gearbeitet.

LS 02 Vergleichen von Anteilen – der Prozentbegriff ▶ in einem Stationenlauf verschiedene Anteile vergleichen und Gemeinsamkeiten der Lösungswege verschiedener Aufgaben entdecken ▶ der L informiert über relative und absolute Vergleiche und führt den Prozentbegriff ein ▶ Anwendung in einfachen Aufgaben durch Einzelarbeit und Gruppenarbeit mit gegenseitiger Hilfestellung

LS 03 Darstellen von Prozenten ▶ in einem Gruppenpuzzle bilden sich Experten zu den vier Möglichkeiten der Darstellung von Prozenten in Diagrammen ▶ die verschiedenen Möglichkeiten werden in Mix-Gruppen vorgestellt und diskutiert ▶ fehlerhafte Diagrammdarstellungen werden korrigiert ▶ Plakatgestaltung: Tipps zur Darstellung von Prozenten ▶ Präsentation bei einem Museumsrundgang

LS 04 Prozente in unserem Leben ▶ Prozentbegriff im täglichen Leben entdecken ▶ verschiedene Gruppen gestalten Übersichten zu Prozenten in Zeitungen und Prospekten; Prozentangaben auf Verpackungen; der Verwendung der Begriffe Rabatt, Skonto und MwSt. sowie zu der Anwendung des Prozentbegriffs im Bankwesen

LS 05 Begriffe der Prozentrechnung ▶ Kennenlernen der Begriffe der Prozentrechnung ▶ Formulieren von Aussagen; Anwenden der Begriffe auf diese Aussagen ▶ in vorgegebenen Aufgaben Grundwert, Prozentwert und Prozentsatz erkennen ▶ jeweils eine Formel für die Berechnung von Grundwert, Prozentwert und Prozentsatz finden und einen Zusammenhang herstellen ▶ Vorgehensweise zum Lösen von Prozentaufgaben erkennen und herausarbeiten

C Komplexere Anwendungs- und Transferaufgaben

In LS 06 arbeiten die S mit einem Text zum Thema Promille. Daraus können Fragen entwickelt und Tabellen erstellt werden. Die Lernspirale LS 07 dient der selbstständigen Überprüfung des bisher Gelernten.

LS 06 Der Promillebegriff ▶ der Text zum Thema Promille umfasst verschiedene Verwendungen des Begriffes ▶ Zusammenfassen des Textes, Erstellen von Tabellen zur Wirkung von Alkohol und zu einzelnen Promillegrenzen ▶ Präsentation als Fernsehsendung ▶ Auswertung von Zeitungsartikeln zum Thema

LS 07 Selbsteinschätzung – Test ▶ anhand eines Fragenkataloges ermitteln die S ihren bisherigen Lernerfolg bzw. füllen ihre Lücken ▶ in Einzelarbeit lösen sie die Aufgaben des Tests und überprüfen ihre Kenntnisse erneut

LS 01 Bruchzahlen – Dezimalzahlen – Anteile

		Zeit	Lernaktivitäten	Material	Kompetenzen
1	EA	20′	Alle S bearbeiten im Schülerheft die einzelnen Aufträge in Form einer Information mit Bewegung.	S 01.A1 LS 01.M1	– sich erinnern – Fragen stellen – gezielt nach Informationen suchen – überfliegend lesen – Ergebnisse eintragen – zuhören – erklären – mathematisch argumentieren – vortragen – Tafelbild erstellen – eigene Notizen ergänzen
2	GA	15′	S vergleichen und diskutieren ihre Ergebnisse in Zufallsgruppen. Sie einigen sich gemeinsam auf eine Lösung.	Kartenspiel	
3	PL	20′	Ein mittels Losverfahren bestimmter S pro Gruppe stellt jeweils ein Beispiel an der Tafel vor. Die S vervollständigen ihre Hefteinträge.		

Erläuterungen zur Lernspirale

In dieser Spirale aktivieren die S Vorkenntnisse über Bruch- und Dezimalschreibweise. Sie wiederholen den Bruchbegriff selbstständig (mithilfe von an der Wand ausgehängten Informationsblättern) und wenden ihn in Beispielen an.

Zum Ablauf im Einzelnen 1. Arbeitsschritt: Alle S bearbeiten die Aufgaben S 01.A1 a) bis e) aus dem Schülerheft in Einzelarbeit. Das in der Klasse aufgehängte Informationsmaterial kann als Hilfe verwendet werden: Der S muss sich jeweils die Frage merken, die entsprechende Information suchen, die Frage klären und an den Platz zurückgehen. Dort wird die Aufgabe dann gelöst.

2. Arbeitsschritt: Die S vergleichen ihre Ergebnisse in Zufallsgruppen (Kartenspiel: Asse, Könige, usw.) und einigen sich innerhalb einer Zufallsgruppe jeweils auf ein Ergebnis.
3. Arbeitsschritt: Jede Gruppe erhält per Los ein Beispiel, das nach kurzer Absprache innerhalb der Gruppe von einem zufällig ausgewählten Gruppenmitglied an der Tafel präsentiert wird.
Auftretende Fragen können vom L geklärt werden.
Die S vervollständigen ihre Hefteinträge möglicherweise auch mithilfe von Ergänzungen, die sie dem Informationsmaterial an der Wand entnehmen.

✓ Merkposten

Die Kopiervorlage LS 01.M1 sollte dreimal auf DIN-A3 vergrößert im Klassenzimmer aufgehängt werden.

Notizen:

LS 01.M 1 Dezimalzahlen und Brüche

Zahlen mit einem Komma nennt man Dezimalzahlen:
Vor dem Komma stehen die Ganzen. (Einer, Zehner, Hunderter, usw.)
Nach dem Komma stehen die Bruchteile. (Zehntel, Hundertstel, Tausendstel usw.)
64,297 = 6 Zehner 4 Hunderter, 2 Zehntel 9 Hundertstel 7 Tausendstel

Zahlen der Form $\frac{3}{4}, \frac{1}{3}, \frac{9}{8}, \ldots$ nennt man Brüche:

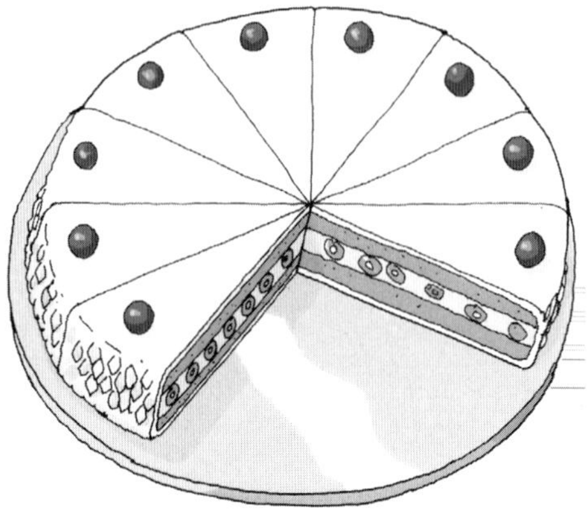

$$\frac{3}{4} \begin{array}{l} \leftarrow \text{Zähler} \\ \leftarrow \text{Nenner} \end{array} \leftarrow \text{Bruchstrich}$$

Der **Nenner** sagt dir, in wie viele Teile das Ganze zerlegt wird.
Der **Zähler** sagt dir, wie viele solcher Teile es sind.

Ist der **Zähler kleiner** als der **Nenner**,
so nennt man den Bruch **echten Bruch**: $\frac{3}{4}, \frac{17}{20}, \frac{99}{100}$

Ist der **Zähler größer** als der **Nenner**,
so nennt man den Bruch **unechten Bruch**.

Ein unechter Bruch kann immer in eine **gemischte Zahl** verwandelt werden: $\frac{9}{8} = 1\frac{1}{8}, \quad \frac{20}{3} = 6\,\frac{2}{3}, \quad \ldots$

Achtung:
Die gemischte Zahl $6\frac{2}{3}$ bedeutet $6 + \frac{2}{3}$; das Pluszeichen lässt man in diesem Falle einfach weg!

Jeder Bruch lässt sich in eine **Dezimalzahl** umwandeln.
Diese kann entweder endlich oder periodisch sein.

$\frac{3}{4} = 3:4 = 0{,}75$ (**endliche Dezimalzahl**)

$\frac{1}{3} = 1:3 = 0{,}333333333\ldots$ (**rein periodische Dezimalzahl mit der Periode 3**) = $0{,}\overline{3}$

$\frac{17}{33} = 17:33 = 0{,}515151\ldots$ (**rein periodische Dezimalzahl** mit der Periode 51) = $0{,}\overline{51}$

$\frac{1}{6} = 1:6 = 0{,}1666666\ldots$ (**gemischt periodische Dezimalzahl** mit der Periode 6) = $0{,}1\overline{6}$

Umgekehrt kann man jede **endliche oder periodische Dezimalzahl** als Bruch darstellen:

$3{,}3 = 3\,\frac{3}{10}; \quad 2{,}5 = 2\frac{5}{10} = \frac{5}{2} = 2\frac{1}{2}; \quad 0{,}008 = \frac{8}{1000}; \quad 0{,}\overline{3} = \frac{3}{9} = \frac{1}{3}$

Erweitern eines Bruches

Zähler und Nenner werden mit derselben Zahl multipliziert: $\frac{5}{7} = \frac{5}{7} \cdot \frac{3}{3} = \frac{15}{21}$

Kürzen eines Bruches

Zähler und Nenner werden durch dieselbe Zahl dividiert: $\frac{8}{10} = \frac{8:2}{10:2} = \frac{4}{5}$

Der Wert des Bruches ändert sich beim Kürzen und Erweitern nicht, es entsteht nur eine andere Form.
Brüche mit gleichem Nenner (gleichnamige Brüche) lassen sich besonders einfach vergleichen und ordnen.

Berechnung von Bruchteilen:

$\frac{1}{4}$ von 6 kg = 6 kg : 4 = $\frac{6}{4}$ kg = 1,5 kg = $1\frac{1}{2}$ kg

$\frac{3}{4}$ von 6 kg = $\left(\frac{1}{4}\right.$ von 6 kg$\left.\right) \cdot 3 = \frac{6}{4}\,\text{kg} \cdot 3 = \frac{18}{4}$ kg = 4,5 kg = $4\frac{1}{2}$ kg

Auch als Multiplikation zu berechnen: $\frac{3}{4}$ von 6 kg = $\frac{3}{4}$ mal 6 kg = $\frac{3}{4} \cdot 6\,\text{kg} = \frac{3 \cdot 6\,\text{kg}}{4} = \frac{18}{4}\,\text{kg} = \frac{9}{2}\,\text{kg} = 4\frac{1}{2}\,\text{kg}$

In einer Klasse sind 28 Schüler. $\frac{5}{7}$ davon treiben Sport. Wie viele Schüler sind das?

$\frac{5}{7}$ von 28 = $\frac{5}{7} \cdot 28 = 5 \cdot \frac{28}{7} = 5 \cdot 4 = 20$

$\frac{5}{7}$ von 28 Schüler sind 20 Schüler.

LS 02 Vergleichen von Anteilen – der Prozentbegriff

		Zeit	Lernaktivitäten	Material	Kompetenzen
1	GA	25′	Stationenlauf: 6 Beispiele werden diskutiert. Jeder S notiert Rechenwege und Lösungen in der Tabelle im Schülerheft. Gemeinsamkeiten der einzelnen Aufgaben werden aufgezeigt.	LS 02.M2 S 02.A2, Glöckchen oder Klingel	– einen Text lesen und verstehen – zuhören – andere Meinungen akzeptieren – auf ein Ergebnis einigen – Folien gestalten – vortragen im Tandem – ergänzen – Wichtiges zusammenfassen – Notizen erstellen – Fragen stellen – Gelerntes anwenden – kombinieren – mathematisch argumentieren und begründen
2	PL	10′	Zwei S (Tandem) werden per Los bestimmt und stellen die Beispiele und deren Gemeinsamkeiten vor.	Folie	
3	EA	10′	Die S vervollständigen ihre Notizen in den Schülerheften.	S 02.A2	
4	LV	10′	Es erfolgt ein kurzer Lehrerinput über die Begriffe absoluter Vergleich, relativer Vergleich, Prozent und über die Entstehung des Prozentzeichens.		
5	EA	20′	Bisher Gelerntes wird durch das Bearbeiten der Aufgaben a) bis e) gefestigt.	S 02.A3	
6	GA	15′	Die S vergleichen und besprechen ihre Ergebnisse in Zufallsgruppen und tragen diese in das Lösungsblatt ein. Der L sammelt die Lösungsblätter ein und korrigiert diese bis zur nächsten Stunde.	LS 02.M3	
7	PL	15′	Alle Aufgaben, die falsch gelöst wurden, werden im Plenum besprochen und gerechnet. Richtige Lösungen zu a) bis e) werden in die Schulhefte übertragen.		
8	EA	15′	Die Aufgaben f) und g) werden in Einzelarbeit als Hausaufgabe gelöst.	S 02.A3	

Notizen:

✓ **Merkposten**

Die einzelnen Stationen (LS 02.M2) müssen je einmal vergrößert kopiert und in der Klasse ausgelegt oder aufgehängt werden. Das ausgefüllte Blatt zu S 02.A3 aus dem Schülerheft eines Mitglieds der ausgelosten Gruppe wird vor dem Vortrag auf Folie kopiert.

LS 02.M3 muss entsprechend der Anzahl der Gruppen kopiert werden.

Erläuterungen zur Lernspirale

In dieser Spirale werden die S auf den Vergleich von Anteilen hingeführt, der Unterschied zwischen absoluten und relativen Vergleichen soll erkannt werden. Sie lernen den Prozentbegriff kennen und wenden ihn in unterschiedlichen Aufgaben an.

Zum Ablauf im Einzelnen

1. Arbeitsschritt: Die einzelnen Stationen 1) bis 6) werden in lesbarer Größe im Klassenraum verteilt aufgehängt. Die S verteilen sich durch Abzählen von 1 bis 6 auf die einzelnen Stationen und bearbeiten das jeweilige Problem. Beim Klingelzeichen gehen sie zur nächsten Station weiter. Nach dem Lösen der 6 Aufgaben werden Einträge in die Schülerhefte vorgenommen und die gemeinsame Vorgehensweise beim Lösen dieser Aufgaben herausgearbeitet.

2. Arbeitsschritt: Ein ausgelostes Tandem präsentiert mithilfe der Folie die Ergebnisse. Die Gemeinsamkeiten der Aufgaben werden herausgearbeitet. Die unterschiedlichen Schwierigkeitsgrade der einzelnen Vergleiche werden angesprochen.

3. Arbeitsschritt: Die Einträge in den Schülerheften werden ergänzt bzw. verbessert.

4. Arbeitsschritt: Ausgehend von der Präsentation stellt der L die Begriffe absoluter und relativer Vergleich dar und führt den Prozentbegriff und dessen Symbolentstehung ein.

5. Arbeitsschritt: Entsprechend der Anweisung zu S 02.A3 im Schülerheft werden die Aufgaben a) bis e) in Einzelarbeit gelöst.

6. Arbeitsschritt: In Zufallsgruppen werden die einzelnen Ergebnisse besprochen und eine Einigung auf das von allen für richtig empfundene Ergebnis erzielt (siehe Arbeitsanweisung S 02.A3 im Schülerheft). Dieses Ergebnis wird in das Lösungsblatt (LS 02.M3) eingetragen und beim L abgegeben. Die Lösungsblätter werden bis zur nächsten Stunde von dem L korrigiert.

7. Arbeitsschritt: Aufgaben, die von einigen Gruppen falsch gelöst wurden, werden von einem S (per Los ermittelt) einer Gruppe, die richtig gerechnet hat, vorgerechnet. Aufgaben, die von allen Gruppen falsch bearbeitet wurden, werden mit dem L gemeinsam gelöst.

8. Arbeitsschritt: Die Aufgaben f) und g) werden als Hausaufgabe erledigt und dienen der Festigung des Gelernten.

Notizen:

LS 02.M 2 Stationenlauf

Vergleichen von Anteilen
Prozentrechnung – Vergleiche

1

In München und Berlin wurde eine Umfrage über die beliebtesten Sportarten durchgeführt: 96 der 240 Befragten aus München entschieden sich für Tennis. In Berlin führten 120 von 250 Personen Tennis an erster Stelle an.

In welcher der beiden Städte ist Tennis wohl beliebter?

2

Zwei Schülerinnen unterhalten sich über eine größere Prüfung.

Wer von den beiden hat besser abgeschnitten?

3

Anna, Kurt und Helga aus den Klassen 7A, 7B, 7C, nach der Klassensprecherwahl:

7A: 28 Schüler/-innen
7B: 32 Schüler/-innen
7C: 30 Schüler/-innen

Wer war am erfolgreichsten?

4

Getreideprodukte und Kartoffeln enthalten hauptsächlich Kohlenhydrate als Energielieferanten und Ballaststoffe für die Verdauung.

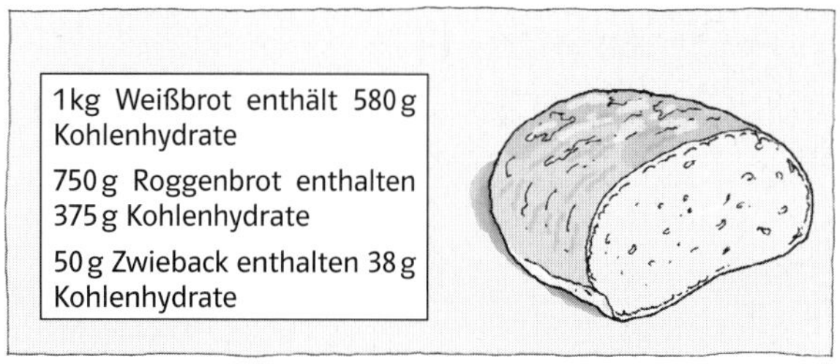

Welche Brotsorte ist am kohlenhydratreichsten?

5

Erich wirft beim Würfeln in 50 Würfen sechsmal die Sechs.
Inge wirft in 30 Würfen dreimal die Sechs.
Thomas wirft in 40 Würfen fünfmal die Sechs.

Wer ist der bessere Würfler bzw. die bessere Würflerin?

6

Eine Arzneimittelfirma testet ein neues Mittel gegen Kopfschmerzen: Mittel A bewirkt bei 38 von 74 erkrankten Patienten eine Besserung, Mittel B bei 118 von 236.

Welches Mittel würdest du empfehlen?

LS 02.M 3

Ergebnisse
zur Gruppenarbeit „Umgang mit Prozenten“

Gruppenmitglieder:

....

....

Aufgabe	Lösung
a)	
b)	
c)	
d)	
e)	

LS 03 Darstellen von Prozenten

		Zeit	Lernaktivitäten	Material	Kompetenzen
1	EA/ GA	25′	Gruppenpuzzle: Je 4 verschiedene Themen werden zunächst von den S in Einzelarbeit behandelt und anschließend in themengleichen Expertengruppen verglichen.	S 03.A4, S 03.A5, S 03.A6, S 03.A7	- lesen - Gelerntes anwenden - Diagramme zeichnen - erklären - aktiv zuhören - fragen - vortragen - zusammenfassen - mathematisch argumentieren - Diagramme kritisch betrachten - strukturieren - gestalten - zusammenarbeiten - Meinungen austauschen - Gruppenregeln einhalten - Tipps geben - präsentieren
2	GA	20′	Die S bilden Mix-Gruppen; der jeweilige Experte erklärt seine Aufgabe, die Schülerhefte werden vervollständigt.		
3	GA	30′	Die S untersuchen die Berichte gemeinsam auf Fehler und arbeiten Verbesserungsvorschläge aus. Die Schülerhefte werden ergänzt.	S 03.A8	
4	GA	30′	Die S gestalten ein Plakat „Darstellung von Prozenten" mit guten Tipps und Hinweisen auf Fehlerquellen bei der jeweiligen Darstellung. Die Verbesserungsvorschläge aus S 03.A8 werden hierbei verwendet.	Papier, Stifte, Klebestifte etc.	
5	PL	10′	In einem Museumsrundgang werden die Arbeitsergebnisse präsentiert.		
6	PL	5′	Hausaufgabe: für das nächste Mal bringt jeder S folgende Materialien mit: 1. Eine Verpackung mit Prozentangaben 2. Einen Zeitungsbericht oder einen Prospekt mit Prozentangaben im Text 3. Aussagen oder Texte zu den Begriffen Rabatt, Skonto, Brutto, Netto, MwSt. 4. Ein Beispiel aus dem Bankwesen		

Notizen:

✓ **Merkposten**

Jede Gruppe sollte aus höchstens 5 Mitgliedern bestehen. Einige Darstellungsformen müssen eventuell doppelt besetzt werden.

Erläuterungen zur Lernspirale

In dieser Lernspirale lernen die S die verschiedenen grafischen Darstellungsarten für Prozentangaben kennen. Sie erkennen die jeweiligen Vorzüge und Grenzen und können für ein Sachproblem gezielt eine Darstellungsform auswählen.

Zum Ablauf im Einzelnen

1. Arbeitsschritt: Jedem S wird eine der Darstellungsformen S 03.A4 bis S 03.A7 zugelost. Sie bearbeiten die Aufgabe und bereiten wesentliche Inhalte für die Weitergabe an die anderen S auf. In den Expertengruppen werden die Arbeitsergebnisse verglichen.

2. Arbeitsschritt: In der Mix-Gruppe erklärt der jeweilige Experte seine Aufgabe aus Arbeitsschritt 1; die Aufzeichnungen in den Schülerheften werden vervollständigt.

3. Arbeitsschritt: In den Mix-Gruppen werden die Angaben von S 03.A8 auf Fehler untersucht und in den Schülerheften ergänzt bzw. korrigiert.

4. Arbeitsschritt: Plakatgestaltung: Die S gestalten ein Plakat, mit dem sie ihre Arbeitsergebnisse zu den Darstellungsarten von Prozenten präsentieren. Hierbei werden auch die Verbesserungsvorschläge aus S 03.A8 eingearbeitet und gute Tipps für eine richtige Darstellung eingeflochten.

5. Arbeitsschritt: In einem Museumsrundgang werden die Arbeitsergebnisse präsentiert.

6. Arbeitsschritt: Zu Hause sammeln die S Material für die nächste Stunde. Eventuell ist es sinnvoll, diese Aufgabe schon früher zu stellen, damit die S genügend Zeit haben, zu Hause nachzufragen und Material zu sammeln. Einige Materialien sollten vom L zur Sicherheit selbst besorgt werden (Rechnung mit MwSt. o. ä.). Jeder S soll mindestens 4 Materialien mitbringen.

Notizen:

LS 04 Prozente in unserem Leben

		Zeit	Lernaktivitäten	Material	Kompetenzen
1	EA/ GA	15′	Mitgebrachtes Material wird entsprechend der Aufgaben a) bis e) aus dem Schülerheft auf verschiedenen Tischen (mit Kärtchen beschriftet) ausgelegt.	S 04.A9, 5 Kärtchen	- mitgebrachte Materialien einordnen - Variationen zu einem Thema finden - zusammenfassen - recherchieren im Internet bzw. im Lexikon - erklären - Plakat gestalten - zuhören - Fragen stellen - präsentieren
2	GA	30′	Die S werden den einzelnen Tischen per Losverfahren zugeordnet. Sie führen den jeweiligen Arbeitsauftrag aus. Die Gruppen zu den Aufgaben c) und d) sollten nach Möglichkeit im Internet recherchieren oder im Lexikon nachschlagen.	S 04.A9	
3	PL	30′	Die Plakate werden jeweils durch ein per Los bestimmtes Tandem aus jeder Gruppe präsentiert. Ein gemeinsam festgelegter Hefteintrag zu den Begriffen Rabatt, Skonto, MwSt. sichert das Gelernte.	Plakatpapier, Stifte, Kleber, …	

Erläuterungen zur Lernspirale

In dieser Spirale setzen sich die S mit der vielfältigen Anwendung des Prozentbegriffs auseinander. Zunächst soll aufgezeigt werden, in welchen Bereichen des täglichen Lebens Prozente eine Rolle spielen. Bestimmte Begriffe, wie Skonto, Rabatt, MwSt. sollen durch gezielte Recherche geklärt und mit verschiedenen praktischen Beispielen untermauert werden.

Zum Ablauf im Einzelnen

1. Arbeitsschritt: 5 Tische werden mit Kärtchen beschriftet:
a) Zeitungen, Prospekte
b) Verpackungen
c) Rabatt, Skonto
d) Mehrwertsteuer/MwSt.
e) Bankwesen

Die S legen ihr mitgebrachtes Material auf die jeweiligen Tische, der L bzw. die S könen noch Umverteilungen vornehmen bzw. eigene Materialien hinzufügen.

2. Arbeitsschritt: S werden den einzelnen Tischen per Los zugeordnet.
Die S arbeiten nach dem Arbeitsauftrag im Schülerheft und gestalten ein Lernplakat zum jeweiligen Thema (alternativ zu einer Plakatgestaltung können auch jeweilige Handouts erstellt werden). Die Fachbegriffe können z. B. im Internet bzw. im Fachlexikon recherchiert werden.
3. Arbeitsschritt: Per Losverfahren wird aus jeder Gruppe ein Tandem bestimmt. Diese beiden S präsentieren das Plakat und beantworten die Fragen dazu.
Ein gemeinsam festgelegter Hefteintrag zu den neuen Begriffen sichert das Gelernte.

✓ Merkposten

Falls die S in der Schule nicht am Computer arbeiten können, muss ein Lexikon bereit liegen.

Eine Gruppe sollte maximal fünf Mitglieder haben. Evtl. muss der Tisch mit den meisten Materialien von zwei Gruppen bearbeitet werden, unter denen das Material aufgeteilt wird.

Notizen:

LS 05 Begriffe der Prozentrechnung

		Zeit	Lernaktivitäten	Material	Kompetenzen
1	EA	10′	Die S bearbeiten in Einzelarbeit die Aufgabe aus dem Schülerheft, erkennen den Unterschied zwischen Grundwert (G), Prozentwert (W) und Prozentsatz (p %) und erstellen ähnliche Aussagen.	S 05.A10	- lesen - markieren im Text - Aufgaben erfinden - aktiv zuhören - vergleichen - mathematisch argumentieren - strukturieren - modellieren - Gelerntes anwenden - begründen - präsentieren
2	GA	10′	In Stammgruppen werden die erstellten Aufgaben besprochen, verglichen und sortiert nach Grundwert (G), Prozentwert (W) und Prozentsatz (p %). Gemeinsam wird die Aufgabe aus dem Schülerheft bearbeitet.	S 05.A11	
3	GA	20′	In Expertengruppen (zwei Grundwertgruppen, zwei Prozentwertgruppen, zwei Prozentsatzgruppen) werden die zugeordneten Aufgaben aus dem Schülerheft besprochen und bearbeitet. Die S stellen jeweils eine Formel zur Berechnung des Wertes auf.	S 05.A12, S 05.A13, S 05.A14	
4	GA	15′	Die Stammgruppen stellen ihre Aufgaben und die gefundenen Formeln vor. Der Zusammenhang zwischen den drei Formeln wird aufgezeigt. Die S gestalten eine Folie, um den Zusammenhang darzustellen.	S 05.A15, Folie, Folienstifte	
5	PL	10′	Höchstens zwei per Los bestimmte Gruppen präsentieren ihre Folien. Die Mitschüler stellen Fragen und diskutieren im Plenum.		
6	EA	5′	S vervollständigen ihr Schülerheft.		

Die verwendeten Formeln:

$p\,\% = \frac{p}{100} = \frac{W}{G}$, damit gilt:

$p = \frac{W \cdot 100}{G}$

$W = \frac{G \cdot p}{100}$

$G = \frac{W \cdot 100}{p}$

Notizen:

Erläuterungen zur Lernspirale

In dieser Lernspirale erarbeiten sich die S die Begriffe Grundwert (G), Prozentwert (W) und Prozentsatz (p %) der Prozentrechnung. Sie lernen, diese in Texten herauszufiltern und zu unterscheiden. Sie finden eine gemeinsame Formel zur Berechnung aller drei Werte, können diese Formel umstellen und damit erste Aufgaben lösen.

Zum Ablauf im Einzelnen

1. Arbeitsschritt: Die S bearbeiten die Aufgabe S 05. A10 aus dem Schülerheft in Einzelarbeit und überlegen sich jeweils mindestens 3 Fragen zu dieser Aussage. Jeder S formuliert eine ähnliche Aufgabe im Schulheft.

2. Arbeitsschritt: In Zufallsgruppen (Stammgruppen) werden die einzelnen Fragestellungen verglichen. In den selbst erstellten Aussagen werden G, W und p % verglichen und entsprechend sortiert. Anschließend wird S 05.A11 bearbeitet.

3. Arbeitsschritt: Zu jeder der Aufgaben S 05.A12, S 05.A13, S 05.A14 werden zwei Expertengruppen gebildet. Diese bearbeiten jeweils eine dieser drei Aufgaben aus dem Schülerheft. Jede Gruppe findet eine Formel zur Berechnung des entsprechenden Wertes. Die S bereiten sich darauf vor, anschließend in den Stammgruppen fundiert über die Ergebnisse berichten zu können.

4. Arbeitsschritt: In der alten Stammgruppe (vgl. 2. Arbeitsschritt) werden die einzelnen Ergebnisse und die gefundene Formel vorgestellt und in Zusammenhang mit den Formeln der anderen Gruppenmitglieder gebracht. Dieser Zusammenhang wird neben Tipps für das Lösen von Prozentaufgaben auf einer Folie dargestellt.

5. Arbeitsschritt: Je nach Zeit und Variationen der Ergebnisse und je nach Vorgehensweisen präsentieren verschiedene Gruppen ihre Folien. Andere Gruppenmitglieder oder der L können ergänzend eingreifen. Alle erstellten Folien werden vom L eingesammelt.

Alternative: Die vom L ausgewählte Gruppe präsentiert ihre Folie erst in der folgenden Stunde.

6. Arbeitsschritt: In der Stammgruppe werden die einzelnen Schülerhefte vervollständigt und wichtige Schritte von der Folie in das Heft übertragen.

Im Anschluss daran kann eine Aufgabenstellung aus dem verwendeten Schulbuch bearbeitet werden.

✓ Merkposten

Während die S in den Stammgruppen arbeiten, werden Klebepunkte verteilt, sodass Expertengruppen für G, W und p % gebildet werden können. Die Aufgaben S 05.A12, S 05. A13, S 05.A14 werden dementsprechend zugeordnet.

Notizen:

LS 06 Der Promillebegriff

		Zeit	Lernaktivitäten	Material	Kompetenzen
1	EA	25′	Die S lesen, markieren Textstellen, fertigen Notizen und einen Spickzettel an.	S 06.A16	- lesen - markieren - exzerpieren - Fragen stellen - aktiv zuhören - strukturieren - kommunizieren - mathematisch argumentieren - Zeitplan erstellen - nach Zeitplan arbeiten - Ergebnisse vortragen
2	GA	20′	In Gruppen werden die Spickzettel verglichen, Fragen geklärt und die Arbeitsaufträge S 06.A17 a) bis c) im Schülerheft ausgeführt. Die eine Hälfte der Gruppen erstellt eine Tabelle zu S 06.A17e), die andere zu S 06.A17d).	S 06.A17	
3	GA	15′	Die S bereiten eine 5-minütige Fernsehsendung (zwei Interviewpartner, ein Moderator) vor.		
4	PL	10′	Drei per Los ermittelte S präsentieren das Interview.		
5	EA	20′	Jeder S bearbeitet die per Losverfahren erhaltene Aufgabe zu einem Zeitungsartikel.	LS 06.M4 , Blankokärtchen	
6	GA	15′	In Mix-Gruppen werden alle vier Aufgaben vorgestellt und besprochen. Die S kleben ihre eigene Aufgabe und ihre Lösung in das Schulheft ein.		

✓ Merkposten

Die einzelnen Aufgaben von LS 06.M4 sollten in ausreichender Zahl auf DIN-A4-Kärtchen kopiert werden.

Erläuterungen zur Lernspirale

In dieser Lernspirale werden die S mithilfe eines Textes mit dem Begriff und der Bedeutung von „Promille“ vertraut. In einem selbst vorbereiteten „Interview“ sollen die vielfältigen Aspekte dieses Themas angesprochen werden. Aufgaben zu Zeitungsartikeln können am Ende gelöst werden.

Zum Ablauf im Einzelnen

1. Arbeitsschritt: Die S lesen den Text in Einzelarbeit und gestalten unter Verwendung von zehn Begriffen und beliebig vielen Zahlen, Zeichen oder Symbolen einen Spickzettel.

2. Arbeitsschritt: Die Spickzettel werden in Zufallsgruppen verglichen; die Arbeitsaufträge zu S 06.A17 werden bearbeitet.

3. Arbeitsschritt: Die S bereiten in Gruppen eine 5-minütige „Fernsehsendung“ mit einem Moderator und zwei Experten vor.

4. Arbeitsschritt: Ausgelostes Team präsentiert das „Interview“, das in dieser Gruppe vorbereitet wurde.

5. Arbeitsschritt: Die S ziehen jeweils ein Kärtchen mit einem Zeitungsbericht und einer Fragestellung und bearbeiten diese. Die Lösung schreiben sie auf ein Blanko-Kärtchen. Noch besser wäre es, aktuelle Zeitungsausschnitte aus einer Lokalzeitung zu verwenden.

6. Arbeitsschritt: Die S mit unterschiedlichen Aufgaben finden sich in Mix-Gruppen mit je vier Mitgliedern zusammen. Die einzelnen Aufgaben werden in den Mix-Gruppen vorgetragen und besprochen. Die Kärtchen mit der eigenen Aufgabe und der entsprechenden Bearbeitung werden in das Schulheft geklebt.

Notizen:

LS 06.M 4 Zeitungsberichte Promille

Ein betrunkener Ladendieb ist während der Ausnüchterung in Polizeigewahrsam in Hannover gestorben. Der 48-Jährige starb an einer zentralen Lähmung im Gehirn. Das ergab die Obduktion. Der Mann hatte bei seiner Einlieferung in die Zelle 4,8 Promille Alkohol.

Welche Menge der angeführten Getränke hätte der Ladendieb (80 kg Körpergewicht) mindestens trinken müssen, wenn er ausschließlich ein 40 %iges oder ein 25 %iges Getränk oder Bier (5 Vol.-%) getrunken hätte? Hältst du es für möglich, dass er nur Bier getrunken hat?

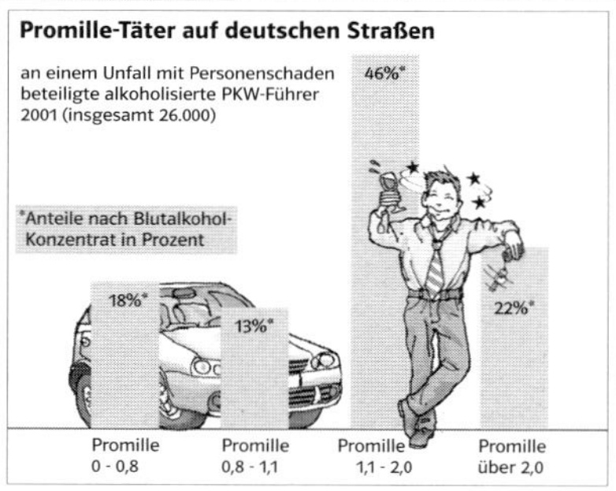

Unfälle mit Personenschaden oft unter Alkohol

Drei Viertel der alkoholisierten Pkw-Fahrer in Deutschland (75 Prozent), die 2001 an einem Straßenverkehrsunfall mit Personenschaden beteiligt waren, hatten zum Zeitpunkt der ersten Blutprobe einen Blutalkoholkonzentrationswert (BAK-Wert) von mindestens 1,1 Promille. Das heißt, sie waren im Sinne der Rechtsprechung absolut fahruntüchtig. Mehr als jeder vierte Pkw-Fahrer (27 Prozent) hatte sogar mehr als 2,0 Promille.

Prüfe, ob die Angaben im Text zu den Zahlen im Schaubild passen.

Frau K. und Herr H. kamen nach einem Restaurantbesuch mit dem Auto in eine Verkehrskontrolle. Frau K. hatte 2 Gläser Weißwein (10 Vol.-%) und Herr H. 2 Gläser Schnaps (25 Vol.-%) getrunken. Frau K hatte die Promillegrenze überschritten und musste auf die Polizeiwache mitkommen.

Überprüfe mithilfe der Berechnung der BAK, wie viel Promille Frau K. hatte.

Die Polizei stoppte in Berlin einen 30-Jährigen, der minutenlang mit seinem Wagen vor einer grünen Ampel stehen geblieben war, ehe er abbog. Bei einer Blutprobe wurden 4 Promille festgestellt.

Wie viel Liter Wein (10 Vol.-%) hat der 30-Jährige (bei 80 kg Körpergewicht) mindestens getrunken, wenn er die im obigen Text genannte BAK erreicht hat?
Wie viele Stunden hat es nach der Blutprobe wohl noch gedauert, bis der gesamte Alkohol im Körper des 30-Jährigen abgebaut war?
Wie groß wäre die BAK einer Schülerin mit 50 kg Körpergewicht, die diese Alkoholmenge innerhalb kurzer Zeit zu sich nimmt?
Welche Auswirkungen könnte das für die Schülerin haben?

LS 07 Selbsteinschätzung – Test

		Zeit	Lernaktivitäten	Material	Kompetenzen
1	EA	15′	Die S schätzen ihr Wissen anhand des Bogens selbst ein. Offene Fragen werden auf Kärtchen notiert.	S 07.A18, Kärtchen	- kritisch das eigene Können hinterfragen - Lösungsstrategien entwickeln - mathematisch argumentieren - aktiv zuhören - evtl. Verbesserungen oder Ergänzungen in den eigenen Aufzeichnungen vornehmen
2	GA	15′	S heften die Kärtchen mit den Fragen an eine Pinnwand und clustern dabei. Die Fragen werden im Plenum beantwortet.	Pinnwand	
3	EA	30′	Die S bearbeiten die Aufgaben des Tests.	LS 07.M5	
4	GA	15′	Die S vergleichen, verbessern, diskutieren ihre Lösungen (evtl. mithilfe des Lösungsbogens).	LS 07.M6	
5	PL	15′	Ungeklärte Probleme werden im Plenum besprochen.		

Erläuterungen zur Lernspirale

In dieser Spirale überprüfen die S ihr Wissen.

Zum Ablauf im Einzelnen
1. Arbeitsschritt: Die S schätzen mithilfe des Bogens ihr Können ein. Auftretende Fragen werden auf Kärtchen notiert.
2. Arbeitsschritt: Die Kärtchen mit den Fragen werden an eine Pinnwand geheftet und geclustert, sodass ähnliche Fragen zusammen hängen. Im Plenum werden diese Fragen besprochen und geklärt.
3. Arbeitsschritt: Die S lösen die Aufgaben des Tests in Einzelarbeit.
4. Arbeitsschritt: In Gruppen werden die Lösungswege und Ergebnisse verglichen und diskutiert.
5. Arbeitsschritt: Noch bestehende Probleme können im Plenum erläutert werden.

Notizen:

LS 07.M 5 Test

1. Herr Müller erhält eine Rechnung über 420 Euro. Bei Zahlung innerhalb von 14 Tagen erhält er 2 % Skonto. Wie viel Euro kann Herr Müller sparen?

2. In einem Geschäft werden alle Artikel um 20 % verbilligt angeboten: Ein Rucksack kostet im Angebot 52 Euro. Was hat er ursprünglich gekostet?

3. Peter hat bei seinem alten Handybetreiber für eine Stunde Telefonieren 5,60 Euro bezahlt. Bei seinem neuen Anbieter bezahlt er für eine Stunde Telefonieren nur noch 3,80 Euro. Wie viel Prozent spart er?

4. Bei einer Umfrage wurden die S einer Schule nach ihren Lieblingssportarten befragt. Das Ergebnis kannst du der Tabelle entnehmen:

Tennis	Fußball	Leichtathletik	Golf	Schwimmen	Sonstige
18 %	35 %	12 %	7 %	15 %	

Ergänze die Tabelle und stelle das Ergebnis der Umfrage in einem Kreisdiagramm dar.

5. Du möchtest 1 g Vitamin C zu dir nehmen. Wie viele kg Erdbeeren musst du essen, wenn Erdbeeren ungefähr 0,6 ‰ Vitamin C enthalten?

LS 07.M 6 Lösungen zum Test

Die Ergebnisse:

1. Herr Müller kann 8,40 Euro sparen.

2. Er hat 65 Euro gekostet.

3. Peter spart ca. 32 %.

4. Sonstige: 13 %
Winkelangaben: Tennis 64,8°; Fußball 126°; Leichtathletik 43,2°; Golf 25,2°; Schwimmen 54°; Sonstige 46,8°

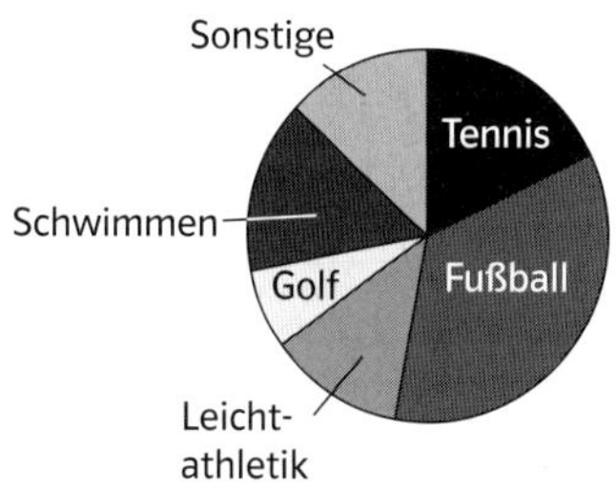

5. Du musst ca. 1,7 kg essen.

Zuordnungen

Der Lern- und Arbeitsprozess

A Vorwissen und Voreinstellungen aktivieren

Die Lernspirale LS 01 dient zur Einstimmung der S und zur Wiederholung der verschiedenen Darstellungsmöglichkeiten für Zuordnungen. Die S erkennen ihre Lücken und können sie durch Fragen und Erklärungen beheben. Die betreffenden Arbeitsabläufe werden mit Pfeilen angedeutet. Detaillierte Ausführungen dazu finden sich auf den nachfolgenden Seiten.

LS 01 **Darstellung von Zuordnungen** ▶ verschiedene Darstellungsmöglichkeiten von Zuordnungen in Expertengruppen wiederholen ▶ verschiedene Darstellungen in Mix-Gruppen vorstellen ▶ Plakat erstellen ▶ Kurzreferat halten ▶ Beispiel bearbeiten

B Neue Kenntnisse und Verfahrensweisen erarbeiten

In den Lernspiralen LS 02 und LS 03 werden in einer Reihe von Experimenten Zusammenhänge gemessen und tabellarisch sowie grafisch dargestellt. Die Lernspiralen LS 04 und LS 05 befassen sich mit proportionalen und antiproportionalen Zusammenhängen. In LS 06 werden Zuordnungen, denen eine Gesetzmäßigkeit zugrunde liegt, bearbeitet. LS 07 beschäftigt sich mit dem Zusammenhang zwischen Texten und Graphen.

LS 02 **Zeit messen ohne Armbanduhr** ▶ die Funktionsweise von Uhren diskutieren ▶ Graphen zu den Uhren zeichnen ▶ Graphen bestimmten Uhrentypen zuordnen ▶ Graphen zeichnen, die den Zusammenhang zwischen Höhe und Brenndauer von Kerzen darstellen

LS 03 **Experimentelles Erfassen von Zuordnungen** ▶ Experiment planen, Messverfahren bestimmen ▶ Experiment durchführen, Messergebnisse darstellen ▶ Protokoll und Kurzreferat vorbereiten ▶ in Gruppen über die Eigenschaften der experimentell gefundenen Zuordnungen diskutieren ▶ präsentieren der Ergebnisse, verschiedene Kategorien von Zuordnungen erkennen, Hefteinträge erstellen ▶ Gelerntes in Partnerarbeit anwenden, Ergebnisse in Vierergruppen vergleichen ▶ Lösungen im Plenum vorstellen

LS 04 **Proportionale Zuordnungen** ▶ Tabellen in Einzelarbeit ergänzen ▶ Tabelleninhalte grafisch darstellen ▶ Eigenschaften der proportionalen Zuordnungen entdecken, formulieren und notieren ▶ Präsentation vorbereiten und im Tandem darbieten ▶ Dreisatzrechnungen wiederholen und Lösungen im Plenum besprechen

LS 05 **Antiproportionale Zuordnungen** ▶ Tabellen in Einzelarbeit ergänzen ▶ Tabelleninhalte grafisch darstellen ▶ Eigenschaften der antiproportionalen Zuordnungen entdecken, formulieren und notieren ▶ Präsentation vorbereiten und im Tandem darbieten ▶ Dreisatzrechnungen wiederholen und Lösungen im Plenum besprechen ▶ das Gelernte in einem Stationenlauf anwenden ▶ Klärung offener Fragen im Plenum

LS 06 **Weitere gesetzmäßige Zuordnungen** ▶ einen linearen Zusammenhang experimentell erfassen ▶ Tabellen und Graphen zu verschiedenen Beispielen erstellen ▶ Ergebnisse vergleichen und austauschen

LS 07 **Graphen und Texte** ▶ den Inhalt einer Geschichte mit einem Graphen vergleichen ▶ zu einzelnen Graphen Geschichten erfinden und umgekehrt ▶ in den Gruppen über die Geschichten und die Graphen diskutieren ▶ Geschichten überarbeiten, Ergebnisse präsentieren

C Komplexere Anwendungs- und Transferaufgaben

Die Lernspirale LS 08 dient der selbstständigen Überprüfung des bisher Gelernten.

LS 08 **Zusammenfassende Übungen – Selbsteinschätzung – Test** ▶ die S lösen Aufgaben und vergleichen ihre Lösungen ▶ anhand eines Fragenkatalogs ermitteln die S ihren bisherigen Lernerfolg bzw. füllen ihre Lücken ▶ in Einzelarbeit lösen die S die Aufgaben des Tests und überprüfen so erneut ihre Kenntnisse

Abkürzungen und Siglen

LS = Lernspirale
LV = Lehrervortrag
EA = Einzelarbeit
PA = Partnerarbeit
GA = Gruppenarbeit
PL = Plenum
HA = Hausarbeit/Hausaufgabe
L = Lehrerin oder Lehrer
S = Schülerinnen und Schüler

In den Erläuterungen zur Lernspirale wird für Lehrerinnen und Lehrer bzw. für Schülerinnen und Schüler ausschließlich die männliche Form verwendet. Dabei ist die weibliche Form stets mitgemeint.

LS 01 Darstellung von Zuordnungen

		Zeit	Lernaktivitäten	Material	Kompetenzen
1	GA	15′	Die S lesen die Aufgabenstellungen und lösen die Aufgaben in Gruppengesprächen. Wesentliche Inhalte werden ausgearbeitet und sich wechselseitig erklärt. Ein Spickzettel für die Weitergabe der Informationen wird vorbereitet.	S 01.A1 – S 01.A5, Kärtchen, Spickzettel, DIN-A4-Blätter	- markieren, strukturieren - erklären, zuhören - verständlich argumentieren - konstruktiv diskutieren - Aufgabenstellung und Lösungswege diskutieren - Fragen offen ansprechen - Teamregeln einhalten - Folien gestalten - frei sprechen - Tabellen bzw. Schaubilder zeichnen
2	GA	20′	Die S referieren über die Inhalte, sie erklären das Wesentliche und fassen es zusammen. Fragen zu den Beispielen können gestellt und besprochen werden, die Aufgaben im Schülerheft werden vervollständigt.	S 01.A1 – S 01.A5	
3	GA	20′	Die Inhalte werden strukturiert, die S bereiten eine Folie und ein Kurzreferat vor.	Folie, Folienstifte	
4	PL	10′	Ein Gruppenmitglied hält jeweils das Referat zu einer Folie, dabei können Fragen gestellt und Ergänzungen vorgenommen werden.	Overhead-projektor	
5	PA	15′	Die S bearbeiten ein Beispiel, sie erstellen eigene Beispiele mit Lösungen; diese werden vorgestellt und erklärt.	S 01.A6 a) – c), Kärtchen	
6	PA EA	15′	Die S lösen Beispiele, vergleichen ihre Lösungen und überprüfen sie auf Richtigkeit.	S 01.A6 d), Kärtchen	

Erläuterungen zur Lernspirale

In dieser Spirale lernen die S verschiedene Darstellungsformen von Zuordnungen kennen.

Zum Ablauf im Einzelnen

1. Arbeitsschritt: Es müssen fünf Expertengruppen gebildet werden. Jeder Expertengruppe wird per Losverfahren eine der Darstellungsformen (S 01.A1 bis S 01.A5) zugeteilt. Die S bearbeiten die Aufgaben und bereiten in den Gruppen wesentliche Inhalte für die Weitergabe an die anderen S auf.

2. Arbeitsschritt: In Mix-Gruppen erklärt jede Person ihre Aufgabe; alle vervollständigen ihre eigenen Aufzeichnungen im Schülerheft bzw. auf den DIN-A4-Blättern.

3. Arbeitsschritt: Die S jeder Mix-Gruppe fassen alle Darstellungsformen zusammen und halten die wesentlichen Inhalte auf einer Folie fest. Sie bereiten ein Kurzreferat vor.

4. Arbeitsschritt: Ein S wird mittels Losverfahren bestimmt und stellt die Ergebnisse der Gruppe mithilfe der Folie im Plenum vor. Die anderen S im Plenum können Fragen stellen und Ergänzungen vornehmen.

5. Arbeitsschritt: In Partnerarbeit beschäftigen sich die S mit dem Beispiel und denken sich ein eigenes Beispiel aus. Dieses stellen sie dann der Klasse vor.

6. Arbeitsschritt: Partnerarbeit: Je zwei S stellen ein eigenes Beispiel zu einer der Darstellungsformen zusammen. Sie schreiben die Aufgabenstellung auf ein oder mehrere Kärtchen. Die Lösung wird auf ein separates Kärtchen gezeichnet. Einige S (mittels Losverfahren bestimmt) stellen ihre Beispiele vor (ohne Lösung). Die Aufgaben werden untereinander ausgetauscht und gelöst. Dies kann als Hausaufgabe erfolgen. S mit gleichen Aufgaben vergleichen ihre Lösungen untereinander und mit der vorgeschlagenen Lösung derjenigen S, die sich die Aufgabe ausgedacht haben.

LS 02 Zeit messen ohne Armbanduhr

		Zeit	Lernaktivitäten	Material	Kompetenzen
1	GA	10′	Die S tauschen in einem Gruppengespräch Meinungen aus (und schlagen bei Bedarf Informationen nach).	S 02.A7	– erklären – aktiv zuhören – mathematisch argumentieren – konstruktiv diskutieren – andere Meinungen überprüfen und zulassen – Notizen zu Diskussionen erstellen – frei sprechen – begründen – Diagramme interpretieren und anfertigen – Fragen offen ansprechen
2	GA	15′	Aufgrund vorhandener Tabellen zeichnen die S Graphen. Anschließend vergleichen und erklären sie ihre Ergebnisse untereinander.	S 02.A8	
3	GA	20′	Die S erklären sich die Diagramme und tragen sie in ihre Hefte ein.		
4	GA	20′	Die S interpretieren die Graphen, tauschen ihre Meinungen aus und diskutieren über Lösungsvorschläge. Zu vorgegebenen Sachverhalten werden Graphen entwickelt und gezeichnet. Begründungen werden schriftlich festgehalten.	S 02.A9 und S 02.A10, Kärtchen	
5	PL	15′	Offene Fragen werden besprochen, Ergebnisse und Argumentationen können verglichen und diskutiert werden.		

Erläuterungen zur Lernspirale

In dieser Spirale wird auf den Zusammenhang von realen Situationen in Form von „Uhren", Tabellen und Graphen eingegangen.

Zum Ablauf im Einzelnen

1. Arbeitsschritt: In Dreiergruppen setzen sich die S mit den Funktionsweisen spezieller Uhren auseinander.

2. Arbeitsschritt: In jeder Gruppe beschäftigt sich ein S mit einem Uhrentyp und stellt den Inhalt der zugehörigen Tabelle grafisch dar. S, die denselben Uhrentyp behandelt haben, treffen sich in kleinen Gruppen und vergleichen zur Kontrolle ihre Ergebnisse. Anschließend gehen sie wieder in ihre Dreiergruppen zurück.

3. Arbeitsschritt: In der Dreiergruppe werden die Ergebnisse ausgetauscht und alle Graphen in die Schulhefte eingetragen.

4. Arbeitsschritt: Die vorgegebenen Graphen werden in neuen Dreiergruppen diskutiert und entsprechenden Uhrentypen zugeordnet, Argumentationen werden schriftlich festgehalten. Anschließend werden zu den vorgegebenen Kerzentypen mögliche Graphen entwickelt und die vorgebrachten Begründungen ebenfalls schriftlich festgehalten.

5. Arbeitsschritt: Ein gelenktes Unterrichtsgespräch dient dazu, offene Fragen zu klären und die unterschiedlichen Formen der Graphen genau zu besprechen. Die schriftlichen Aufzeichnungen aus Arbeitsschritt 4 dienen als Diskussionsgrundlage. Besonders wird dabei auf die Eigenschaften der Graphen von Uhren mit gleichförmigem Ablauf eingegangen.

Notizen:

LS 03 Experimentelles Erfassen von Zuordnungen

		Zeit	Lernaktivitäten	Material	Kompetenzen
1	EA	10′	Die S planen ein Experiment und überlegen sich ein geeignetes Messverfahren.	LS 03.M1, Kärtchen für Experimente, S 03.A11	– Experiment planen und durchführen – Tabellen, Diagramme erstellen – Protokoll erstellen – Kurzreferat vorbereiten – Fragen offen ansprechen – frei sprechen – sich auf gemeinsame Lösungen einigen – aktiv zuhören – Kurzreferat halten – an die Ergebnisse anderer Gruppen anschließen
2	GA	60′	Die Experimente werden durchgeführt, die Messergebnisse in Tabellen festgehalten und grafisch dargestellt. Die S erstellen ein Protokoll und bereiten ein Referat vor.	Material für Experimente aus LS 03.M1	
3	GA	10′	Die S diskutieren die Eigenschaften der einzelnen Graphen in den Gruppen und zeichnen den jeweiligen Graphen auf ein DIN-A4-Blatt.	S 03.A12, Kärtchen, DIN-A4-Blätter	
4	PL	25′	Jeweils ein Mitglied einer Gruppe hält ein Kurzreferat und geht dabei ergänzend auf die Ergebnisse der vorhergehenden Gruppe mit demselben Thema ein. Gemeinsamkeiten von Graphen werden erkannt.	Pinnwand	
5	PL	25′	Die S besprechen offene Fragen und zeichnen die Graphen zu den Ergebnissen aller Gruppen in die Schulhefte. Ein gemeinsam festgelegter Hefteintrag sichert den Lernerfolg.	Heft	
6	PA EA	25′	Die S diskutieren verschiedene Lösungen. Sie entwickeln Graphen zu Texten und Texte zu Graphen. Sie erstellen Folien für die Präsentation.	S 03.A13 – S 03.A15, Folien	
7	PL	25′	Die S stellen die Lösungen mithilfe der vorbereiteten Folien dar. Offene Fragen werden im L-S-Gespräch geklärt.	Overheadprojektor	

Notizen:

Erläuterungen zur Lernspirale

S erkennen durch Messen Eigenschaften proportionaler und anderer Zuordnungen. Sie stellen die Ergebnisse grafisch dar und sortieren diese nach geeigneten Kriterien.

Zum Ablauf im Einzelnen

1. Arbeitsschritt: Jedem S wird per Losverfahren ein Experiment zugeteilt (4 bis 6 verschiedene Experimente genügen). Die S überlegen sich die Versuchsdurchführung und das Messverfahren.

2. Arbeitsschritt: S, die dasselbe Experiment bearbeiten, werden zu Zufallsgruppen zusammengefasst. Die Experimente werden in den Gruppen durchgeführt und die Messwerte in Tabellen eingetragen. Anschließend werden sie in einem geeigneten Koordinatensystem dargestellt. Zu jedem Experiment wird ein Protokoll erstellt und ein Kurzreferat vorbereitet.

3. Arbeitsschritt: Anhand von Leitfragen werden in jeder Gruppe die Eigenschaften des in S03.A11 ermittelten Graphen erarbeitet und auf Kärtchen notiert. Der Graph wird auf ein DIN-A4-Blatt gezeichnet.

4. Arbeitsschritt: Ein Gruppenmitglied jeder Gruppe wird ausgelost, um den Versuch vorzustellen (Durchführung, Messverfahren, Messergebnisse, Darstellung). Das Blatt mit der Darstellung des Graphen wird aufgehängt und die Kärtchen mit den Eigenschaften von allen Gruppenmitgliedern dazu geheftet. Ein mittels Los bestimmtes Gruppenmitglied einer weiteren Gruppe mit dem gleichen Experiment ergänzt die Präsentation oder weist auf ein abweichendes Ergebnis hin. Die Abbildung des Graphen wird dazugehängt und die Kärtchen mit den Eigenschaften von den Gruppenmitgliedern werden so aufgehängt, dass bereits erwähnte Eigenschaften geclustert werden. So entstehen verschiedene Kategorien von Zuordnungen, abhängig von den jeweiligen Experimenten.

5. Arbeitsschritt: Im Plenum werden die Ergebnisse unter Anleitung des L besprochen, ergänzt oder korrigiert und die Eigenschaften strukturiert. Der Hefteintrag wird gemeinsam festgelegt. Anschließend erhalten die S Zeit, die Graphen der anderen Gruppen in ihre Hefte zu übertragen und die wichtigsten Eigenschaften dazu zu notieren.

6. Arbeitsschritt: In Partnerarbeit wird zu einem Text die entsprechende Tabelle erstellt und der dazugehörige Graph gezeichnet. Umgekehrt ist zu einem Graphen eine entsprechende Geschichte zu finden. Die letzte Aufgabe, S03.A15, ist in Einzelarbeit als Hausaufgabe zu lösen. Besonders gute Ergebnisse werden auf Folien kopiert.

7. Arbeitsschritt: Im Plenum werden die Ergebnisse präsentiert und offene Fragen geklärt.

✓ Merkposten

Anmerkung:
Bei der Auswahl der Experimente ist darauf zu achten, dass verschiedene Arten von Zuordnungen erfasst werden können.

Das Experiment, in dem Spannung und Stromstärke gemessen werden, muss entsprechend vorbereitet werden, denn S der 7. Klasse sind die Begriffe Spannung und Stromstärke nicht unbedingt geläufig.

Eine Gruppe sollte höchstens aus vier S bestehen. Es ist sinnvoll, wenn mehrere Gruppen dasselbe Experiment bearbeiten.

Notizen:

LS 03.M 1 (Vorlage auf DIN-A3 vergrößern)

Versuch A

Zuordnung: Zeit → Füllhöhe
Material: Zylindrischer Füllkörper, Schlauch, Meterstab

Aufgabenstellung:
- Steckt den Schlauch an den Wasserhahn.
- Lasst gleichmäßig Wasser in das zylinderförmige Gefäß einlaufen.
- Messt die Füllhöhe in geeigneten Zeitabständen.
- Erfasst die Ergebnisse in einer Wertetabelle.
- Zeichnet den Graphen der Zuordnung in ein Koordinatensystem.

Versuch B

Zuordnung: Zeit → Füllhöhe
Material: Füllkörper, Schlauch, Meterstab

Aufgabenstellung:
- Steckt den Schlauch an den Wasserhahn.
- Lasst gleichmäßig Wasser in das Gefäß einlaufen.
- Messt die Füllhöhe in geeigneten Zeitabständen.
- Erfasst die Ergebnisse in einer Wertetabelle.
- Zeichnet den Graphen der Zuordnung in ein Koordinatensystem.

Versuch C

Zuordnung: Anzahl der angehängten Gewichte → Verlängerung der Feder
Material: Stativ, Schraubenfeder, Gewichtsteller, Gewichte

Aufgabenstellung:
- Befestigt die Feder mit dem Gewichtsteller am Stativ.
- Legt die Gewichte nacheinander auf den Teller.
- Messt jeweils die Verlängerung der Feder.
- Erfasst die Ergebnisse in einer Wertetabelle.
- Zeichnet den Graphen der Zuordnung in ein Koordinatensystem.

Versuch D

Zuordnung: Anzahl der angehängten Gewichte → Verlängerung des Gummibandes
Material: Stativ, Schraubenfeder, Gewichtsteller, Gewichte

Aufgabenstellung:
- Befestigt das Gummiband mit dem Gewichtsteller am Stativ.
- Legt nacheinander die Gewichte auf den Teller.
- Messt jeweils die Verlängerung des Gummibandes.
- Erfasst die Ergebnisse in einer Wertetabelle.
- Zeichnet den Graphen der Zuordnung in ein Koordinatensystem.

Versuch E

Zuordnung: Spannung → Stromstärke
Material: Stromkreis mit einer Glühlampe, Stromstärkemesser, Spannungsmesser

Aufgabenstellung:
- Schaltet das Netzgerät ein; erhöht die Spannung schrittweise von 0 Volt auf 10 Volt. Messt die Stromstärke bei jedem Schritt.
- Erfasst die Ergebnisse in einer Wertetabelle.
- Zeichnet den Graphen der Zuordnung in ein Koordinatensystem.

Versuch F

Zuordnung: Spannung → Stromstärke
Material: Stromkreis mit einem Festwiderstand, Stromstärkemesser, Spannungsmesser

Aufgabenstellung:
- Schaltet das Netzgerät ein; erhöht die Spannung schrittweise von 0 Volt auf 10 Volt. Messt die Stromstärke bei jedem Schritt.
- Erfasst die Ergebnisse in einer Wertetabelle.
- Zeichnet den Graphen der Zuordnung in ein Koordinatensystem.

Versuch G

Zuordnung: Weg → Zeit
Material: Experimentierwagen (ohne Antrieb), schiefe Ebene, Meterstab, Stoppuhr.

Aufgabenstellung:
- Lasst den Wagen die schiefe Ebene herunterrollen.
- Messt die Zeit, die der Wagen für geeignete Streckenabschnitte (in der Ebene) benötigt.
- Erfasst die Ergebnisse in einer Wertetabelle.
- Zeichnet den Graphen der Zuordnung in ein Koordinatensystem.

Versuch H

Zuordnung: Weg → Zeit
Material: Batteriebetriebener Experimentierwagen, schiefe Ebene, Meterstab, Stoppuhr.

Aufgabenstellung:
- Lasst den Wagen die schiefe Ebene herunterrollen.
- Messt die Zeit, die der Wagen für geeignete Streckenabschnitte (in der Ebene) benötigt.
- Erfasst die Ergebnisse in einer Wertetabelle.
- Zeichnet den Graphen der Zuordnung in ein Koordinatensystem.

Versuch K

Zuordnung: abgebrannter Teil der Kerze → Zeitdauer
Material: Kleine Geburtstagskerze, Geodreieck, Stoppuhr
Aufgabenstellung:
- Bringt mit einem Bleistift in 0,5 cm Abständen Markierungen auf der Kerze an.
- Messt, wie lange die Kerze braucht bis sie bis zur nächsten Markierung abgebrannt ist.
- Erfasst die Ergebnisse in einer Wertetabelle.
- Zeichnet den Graphen der Zuordnung in ein Koordinatensystem.

Versuch L

Zuordnung: Anzahl der Kreidestücke → Masse
Material: Waage, Tafelkreide

Aufgabenstellung:
- Bestimmt die Masse von 1, 2, … Kreidestücken.
- Erfasst die Ergebnisse in einer Wertetabelle.
- Zeichnet den Graphen der Zuordnung in ein Koordinatensystem.

LS 04 Proportionale Zuordnungen

		Zeit	Lernaktivitäten	Material	Kompetenzen
1	EA	10′	Die S bearbeiten die Tabellen.	S 04.A16, DIN-A4-Blätter	– Diagramme erstellen – Diagramme interpretieren – verständlich argumentieren – konstruktiv diskutieren – Teamregeln einhalten – arbeitsteilig arbeiten – Begründungen nachvollziehen – aktiv an der Gruppenarbeit teilnehmen – Hefteinträge formulieren – Fragen stellen
2	PA	20′	Sie vergleichen ihre Ergebnisse untereinander und diskutieren die Unterschiede. Gemeinsam erstellen sie ein Diagramm.	S 04.A16 und S 04.A17	
3	GA	15′	Eigenschaften der Zuordnungen werden schriftlich formuliert. Die S entwickeln eine eigene Aufgabe und stellen die Lösung tabellarisch und grafisch dar.	S 04.A18	
4	PL	20′	Die Beispiele werden präsentiert, die anderen S schreiben im Schulheft mit.		
5	PA	15′	Die Aufgaben werden bearbeitet, Begründungen für die Rechnungen und auftretende Fragen werden notiert.	S 04.A19	
6	PL	15′	Die S besprechen offene Fragen und vergleichen Ergebnisse. Gesetzmäßigkeiten proportionaler Zuordnungen werden für einen Hefteintrag gemeinsam formuliert, um das Gelernte zu festigen.		

Erläuterungen zur Lernspirale

In dieser Lernspirale sollen die Eigenschaften der proportionalen Zuordnung sowohl in tabellarischer als auch in grafischer Form erkannt werden. Der Zusammenhang mit der Dreisatzrechnung wird hergestellt.

Zum Ablauf im Einzelnen

1. Arbeitsschritt: In Einzelarbeit sind verschiedene Tabellen zu vervollständigen. Unterschiedliche Rechenwege sollen gesucht und begründet werden.

2. Arbeitsschritt: In Partnerarbeit (Partner werden ausgelost) werden die Ergebnisse ausgetauscht. Die Quotientengleichheit einzelner Wertepaare wird durch Berechnung erkannt. Die Inhalte der Tabellen werden grafisch dargestellt.

3. Arbeitsschritt: Je zwei Tandems bilden eine Vierergruppe, in der die Ergebnisse diskutiert und die Eigenschaften der Zuordnungen schriftlich festgehalten werden. Jede Vierergruppe entwickelt eine eigene Textaufgabe. Die Lösung dazu wird jeweils in einer Tabelle und einem Graphen dargestellt. Eine Präsentation wird vorbereitet. Gruppen, die besonders schnell arbeiten, können eine weitere Aufgabe erstellen.

4. Arbeitsschritt: Von jeder Gruppe werden zwei Gruppenmitglieder ausgelost, die die Präsentation der eigenen Textaufgaben im Plenum übernehmen. Die anderen S können währenddessen mitschreiben.

5. Arbeitsschritt: Die S wiederholen die Dreisatzrechnungen in Partnerarbeit. Der Zusammenhang mit der proportionalen Zuordnung soll dabei erkannt werden. Aufkommende Fragen werden notiert.

6. Arbeitsschritt: Im Plenum werden die Rechnungen mündlich gelöst. Mit Unterstützung des L werden verschiedene Lösungsmöglichkeiten erläutert, Gesetzmäßigkeiten herausgearbeitet und angewendet. Um wesentliche Gesichtspunkte hervorzuheben oder zu ergänzen, können sie für einen Hefteintrag an die Tafel geschrieben oder diktiert werden: Eine Zuordnung heißt proportional, wenn die Wertepaare quotientengleich sind.

✓ Merkposten

Anmerkung zu Arbeitsschritt 2:
Eine sinnvolle Skalierung der Achsen sollte von den S selbst gefunden werden. Zur Erleichterung der Aufgabe kann aber auch ein geeignetes Koordinatensystem vorgegeben werden.

LS 05 Antiproportionale Zuordnungen

		Zeit	Lernaktivitäten	Material	Kompetenzen
1	EA	20′	Die S bearbeiten die Tabellen.	S 05.A20	– Diagramme erstellen – Diagramme interpretieren – verständlich argumentieren – konstruktiv diskutieren – Teamregeln einhalten – arbeitsteilig arbeiten – Begründungen nachvollziehen – aktiv an der Gruppenarbeit teilnehmen – Hefteinträge formulieren – Fragen stellen – Texte erfassen
2	PA	20′	Die Partner vergleichen ihre Ergebnisse untereinander und diskutieren die Unterschiede. Gemeinsam erstellen sie die Graphen.	S 05.A20 und S 05.A21	
3	GA	15′	Eigenschaften der Zuordnungen werden schriftlich formuliert. Die S entwickeln eine eigene Aufgabe und stellen die Lösung tabellarisch und grafisch dar.	S 05.A22	
4	PL	20′	Die Beispiele werden präsentiert, die Mitschüler schreiben im Heft mit.		
5	PA	15′	Die Aufgaben werden bearbeitet, Begründungen für die Rechnungen und auftretende Fragen werden notiert.	S 05.A23	
6	PL	15′	Die S besprechen offene Fragen und vergleichen Ergebnisse. Gesetzmäßigkeiten antiproportionaler Zuordnungen werden für einen Hefteintrag gemeinsam formuliert, um das Gelernte zu festigen.		
7	GA	50′	Die einzelnen Stationen und Aufgaben werden besprochen. Die S suchen gemeinsam Lösungen, halten diese schriftlich fest und kontrollieren sie eigenständig.	S 05.A24 (Laufzettel), LS 05.M2	
8	PL	10′	In einem L-S-Gespräch werden offene Fragen geklärt.		

Notizen:

Erläuterungen zur Lernspirale

In dieser Lernspirale sollen die Eigenschaften der antiproportionalen Zuordnung sowohl in tabellarischer als auch in grafischer Form erkannt werden. Der Zusammenhang mit der Dreisatzrechnung wird hergestellt.
Die Arbeitsschritte 1 bis 6 entsprechen den Arbeitsschritten 1 bis 6 in LS 04.

Zum Ablauf im Einzelnen

1. Arbeitsschritt: In Einzelarbeit sind verschiedene Tabellen zu vervollständigen. Unterschiedliche Rechenwege sollen gesucht und begründet werden.

2. Arbeitsschritt: In Partnerarbeit (Partner werden ausgelost) werden die Ergebnisse ausgetauscht. Die Produktgleichheit einzelner Wertepaare wird durch Berechnung erkannt. Die Inhalte der Tabellen werden in den Schulheften grafisch dargestellt.

3. Arbeitsschritt: Je zwei Tandems bilden eine Vierergruppe, in der die Ergebnisse diskutiert und die Eigenschaften der Zuordnungen schriftlich festgehalten werden. Jede Vierergruppe entwickelt eine eigene Textaufgabe. Die Lösung dazu wird jeweils tabellarisch und grafisch festgehalten. Eine Präsentation wird vorbereitet. Gruppen, die besonders schnell arbeiten, können eine weitere Aufgabe erstellen.

4. Arbeitsschritt: Von jeder Gruppe werden zwei Gruppenmitglieder ausgelost, die die Präsentation der eigenen Textaufgaben im Plenum übernehmen. Die Mitschüler können währenddessen mitschreiben.

5. Arbeitsschritt: Die S wiederholen die Dreisatzrechnungen in Partnerarbeit. Der Zusammenhang mit der antiproportionalen Zuordnung soll dabei erkannt werden. Aufkommende Fragen werden notiert.

6. Arbeitsschritt: Im Plenum werden die Rechnungen mündlich gelöst. Mit Unterstützung des L werden verschiedene Lösungsmöglichkeiten erläutert, Gesetzmäßigkeiten herausgearbeitet und angewendet. Um wesentliche Gesichtspunkte hervorzuheben oder zu ergänzen, können sie für einen Hefteintrag an die Tafel geschrieben oder diktiert werden: Eine Zuordnung heißt antiproportional, wenn die Wertepaare produktgleich sind.

7. Arbeitsschritt: Die vergrößerten Unterlagen der Kopiervorlage LS 05.M2 werden ausgeschnitten und als Stationen ausgelegt. Die S bilden Dreiergruppen. Jede Dreiergruppe „holt" sich eine Station, die Mitglieder lösen die Aufgabe und kontrollieren ihre Lösung selbstständig mithilfe der letzten Seite des Schülerheftes. Anschließend „holen" sie sich die nächste Station.

8. Arbeitsschritt: Probleme und Aufgaben mit hohem Klärungsbedarf müssen evtl. im Plenum besprochen werden.

✓ Merkposten

Anmerkung:
Die einzelnen Stationen können auch mehrfach ausgelegt werden. Die Lösungen befinden sich auf der letzten Seite des Schülerheftes.

Die Kopiervorlage LS 05.M2 muss auf DIN-A3-Größe vergrößert werden.

Notizen:

LS 05.M 2 (Teil 1)

Rabatte

Ein Schulheft kostet 0,75 €. Ein Fünferpack Hefte kostet 3 €.
a) Erstellt eine Preistabelle, in der immer der günstigste Preis angegeben ist.
b) Durch den Mengenrabatt liegt ab dem 5. Heft keine proportionale Zuordnung mehr vor. Könnt ihr in der Aufgabe trotzdem eine proportionale Zuordnung erkennen?

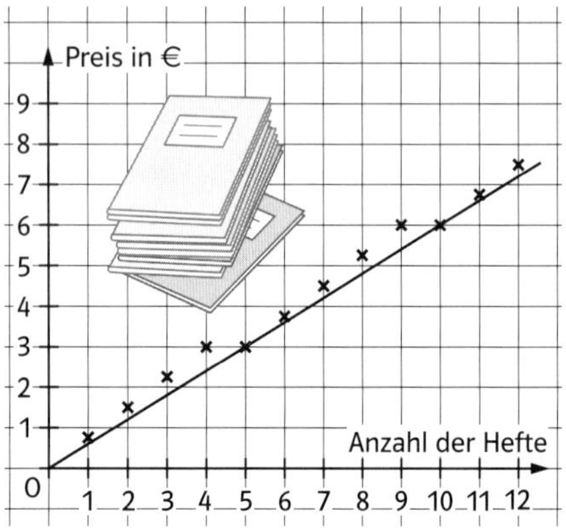

Ganz klar, oder?

Entnehmt aus dem Koordinatensystem verschiedene Wertepaare der proportionalen Zuordnung.
a) Stellt diese in einer Tabelle dar und ermittelt die fehlenden Werte folgender Paare (| 7,5), (15 |)
b) Überprüft, ob die Wertepaare (20 | 15) und (25 | 17,5) zur dargestellten proportionalen Zuordnung gehören.

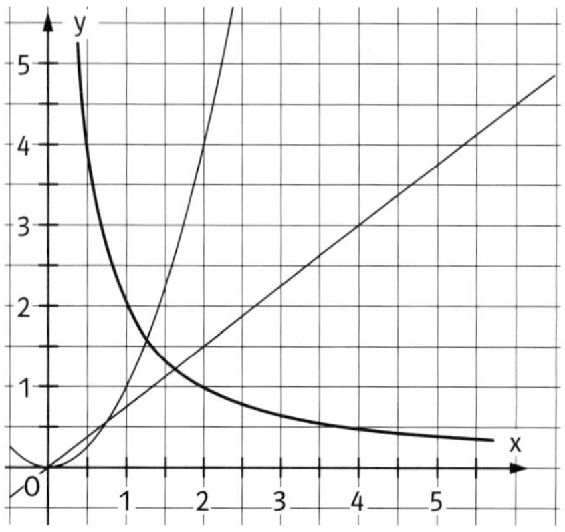

Ganz schön lückenhaft

Ergänzt die fehlenden Werte möglichst geschickt. Überlegt euch für die folgenden proportionalen Zuordnungen ein passendes Beispiel.

a)

Zeit in h	3	9	1,5	4,5
Weg in km	12			

b)

Menge in l	4	20	40	64
Preis in €		30		

c)

Zeit in min	7,5	15	60	135
Weg in km		4		

d)

Einzelpreis in €	1	2	2,5	5
Gesamtpreis in €		10		

e)

Zeit in s	6	18	24	27
Anzahl der Umdrehungen		3		

Schritt für Schritt

Vervollständigt die Tabellen und formuliert zu jeder Tabelle eine Textaufgabe.

a)

Gewicht in kg	Preis in €
8	16
·4 → 32	·4 →
:8 →	:8 →
$\cdot\frac{1}{4}$ →	$\cdot\frac{1}{4}$ →
·5 →	·5 →

b)

Zeit in h	Weg in km
6	24
·3 → 18	·3 →
:9 →	:9 →
·5 →	·5 →
$\cdot\frac{1}{2}$ →	$\cdot\frac{1}{2}$ →

Tiramisu ganz lecker

Zur Jahresabschlussfeier der Klasse 7c will Sarah Tiramisu zubereiten. Zusammen mit ihr gehen 26 Schüler in diese Klasse. Der Klassenlehrer und die Fachlehrerin sollen jeweils eine doppelte Portion bekommen.

Proportional oder nicht?

Entscheidet und begründet, welche Tabelle eine proportionale Zuordnung darstellt.

a)

Anzahl	5	10	20	100
Kosten in €	8	16	30	120

b)

Wasserverbrauch in l	10	30	50	80
Kosten in €	25	75	125	200

c)

Zurückgelegter Weg in km	40	60	80	100
Reststrecke in km	80	60	40	20

d)

Höhe in m	8	12	20	50
Zeit in s	12	18	30	75

Welche Punkte gehören zusammen?

Im Koordinatensystem sind die Wertepaare zweier proportionaler Zuordnungen eingetragen. Übertragt die zusammengehörigen Wertepaare jeweils in eine Tabelle und erweitert jede Tabelle um zwei Wertepaare.

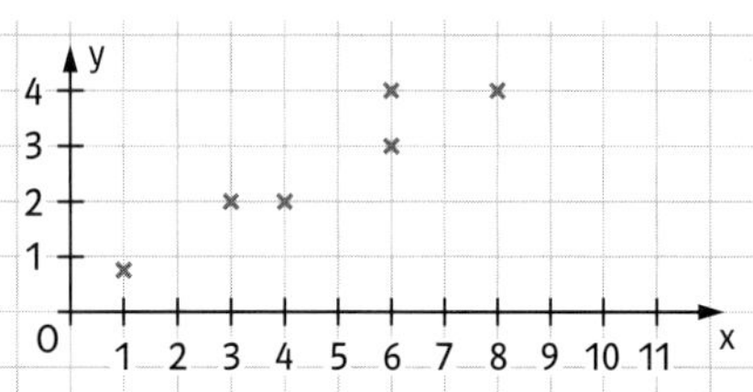

Jede Menge Zuordnungen!

Welche Zuordnungen sind proportional? Begründe deine Antwort.

Anzahl der Eier → Preis
Alter eines Kindes → Größe
Fahrzeit → Zurückgelegter Weg
Anzahl Arbeitsstunden → Kosten
Seitenlänge Quadrat → Umfang
Seitenlänge Quadrat → Flächeninhalt
Menge Zucker → Preis
Anzahl der Äpfel → Gesamtgewicht
Anzahl der Arbeiter → Arbeitszeit
Gefahrene Kilometer → Taxikosten

Obst

Erstellt für das angebotene Obst Preistabellen von 0 bis 3 kg in 0,5-kg-Schritten und zeichnet die Schaubilder in ein Koordinatensystem.

LS 05.M 2 (Teil 2)

Tabellen, alles klar?
Welche Tabelle gehört zu einer proportionalen, welche zu einer antiproportionalen Zuordnung?
In der übrig gebliebenen Tabelle ist ein Wert so zu ändern, dass eine spezielle Zuordnung entsteht.

a)

x	18	24	32	36	40
y	20	15	12	10	9

b)

x	12	24	36	50,4	64,8
y	7	14	21	29,4	37,8

c)

x	18	24	32	36	40
y	20	15	11,25	10	9

Auf einen Blick!
Welcher Graph gehört zu einer antiproportionalen Zuordnung?
Warum gehören die anderen beiden Graphen nicht zu einer antiproportionalen Zuordnung?

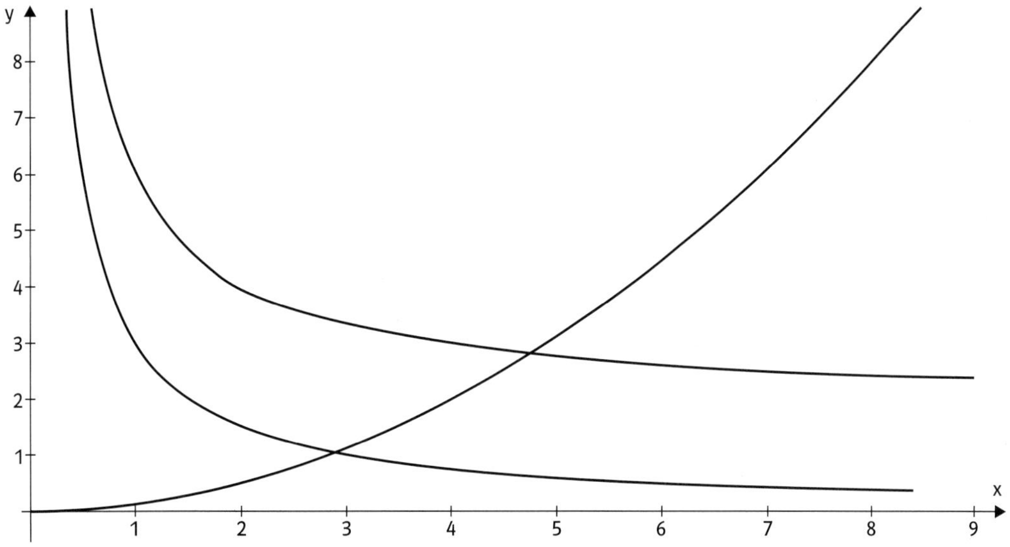

Wie lang ist die gefahrene Strecke?
Der folgende Graph veranschaulicht den Zusammenhang zwischen Fahrzeit und durchschnittlicher Geschwindigkeit für eine bestimmte Strecke. Lest drei verschiedene Wertepaare ab und interpretiert diese. Wie lang ist die gefahrene Strecke? Begründet euren Rechenweg.

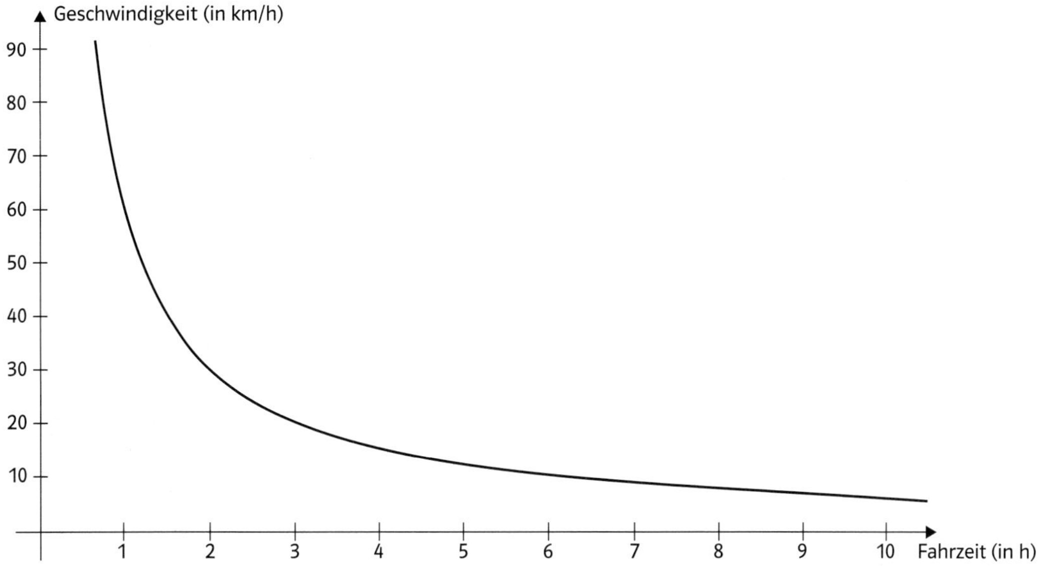

LS 05.M 2 Kopiervorlage (Teil 3)

Zuordnungen zuordnen!
Welche Zuordnungen sind proportional, welche antiproportional, welche keines von beidem?
Begründet eure Antworten.

Geschwindigkeit → Fahrzeit (bei vorgegebener Strecke)
Arbeitsstunden → Lohn
Parkdauer → Parkkosten
Seitenlänge eines gleichseitigen Dreiecks → Flächeninhalt
Gesprächsdauer → Telefonkosten
Anzahl der Personen (Busreise) → Kosten pro Person (bei fixen Buskosten)
Fallhöhe → Fallzeit
Zuflussmenge pro Minute → Fülldauer (bei vorgegebenem Volumen)

Vergnügungspark
Silke sitzt auf einer Schaukel und beginnt zu schaukeln. Welcher der vier folgenden Graphen beschreibt am besten die Höhe des Sitzbrettes über dem Erdboden während des Schaukelbeginns? Welcher der Graphen ist unmöglich? Wie muss Silke schaukeln, damit die anderen Graphen die Höhe des Sitzbrettes während des Schaukelns beschreiben?

Graph 1
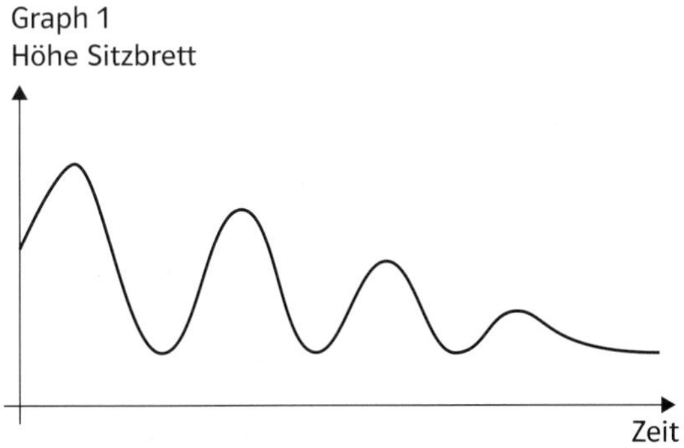

Graph 2
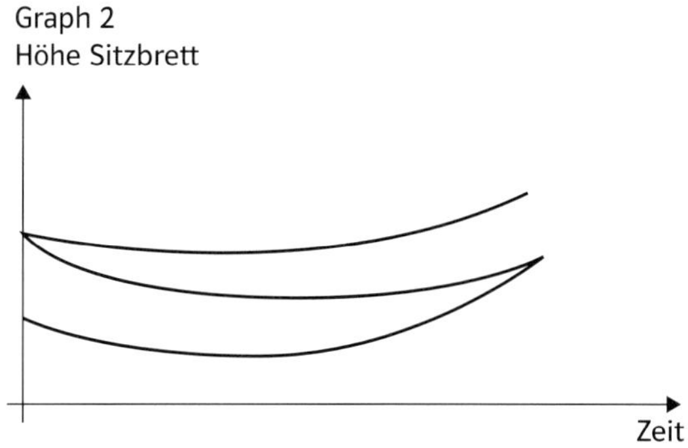

Graph 3
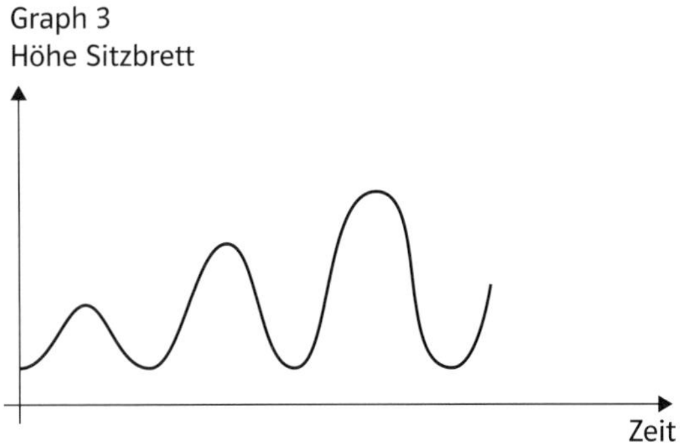

Graph 4
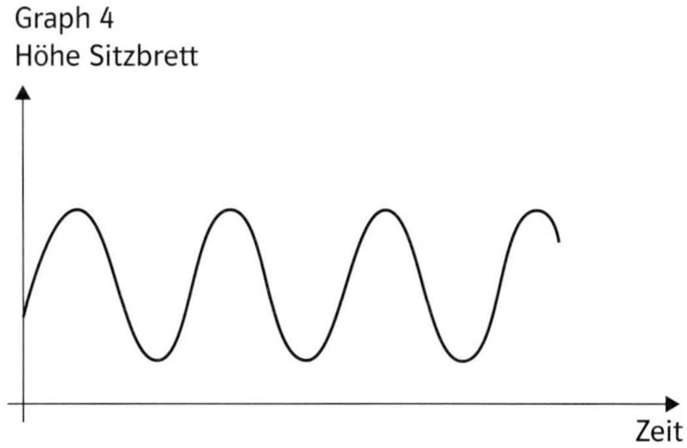

LS 05.M 2 (Teil 4)

Bergfahrt
Ein Auto fährt auf einer Straße mit zwei Kurven bergauf von A nach B. Welcher der drei abgebildeten Graphen beschreibt am besten die Zuordnung **Zeit → Geschwindigkeit**. Begründet eure Antwort.

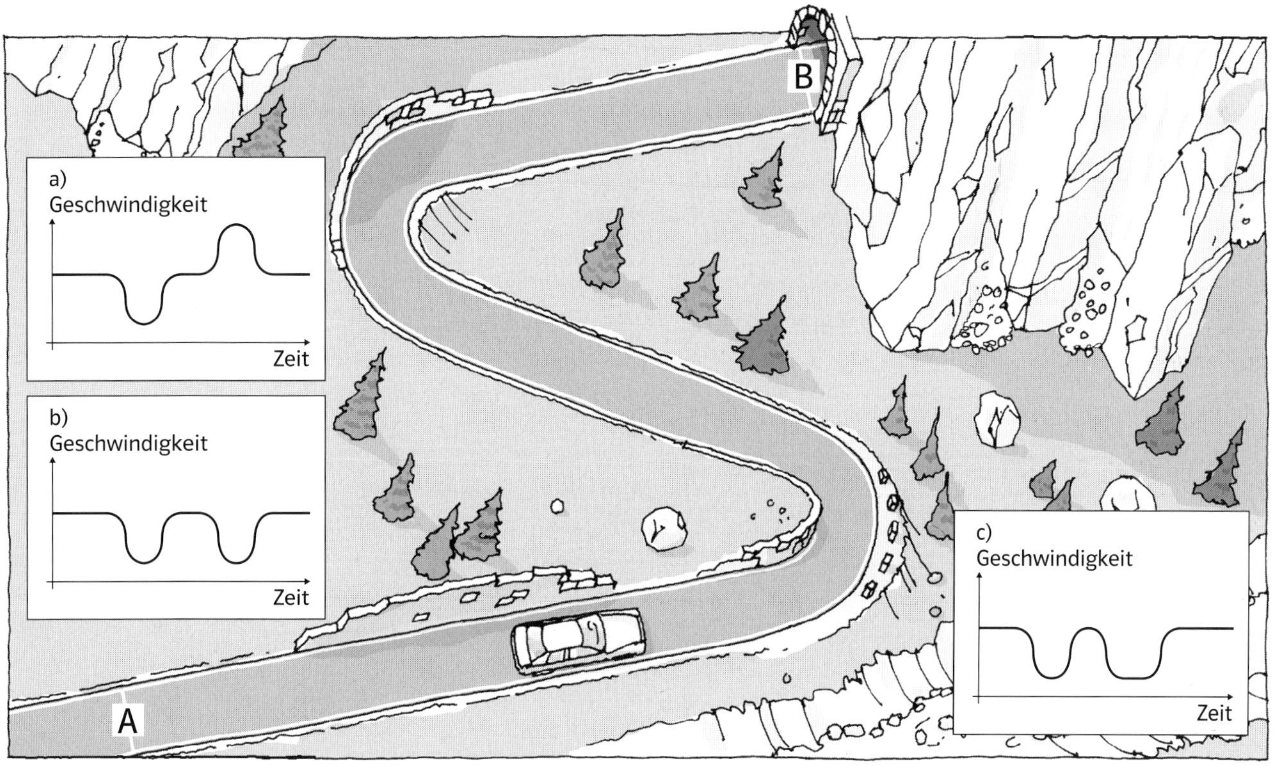

Rennen
Dieser Graph zeigt, wie die Geschwindigkeit eines Rennwagens während seiner zweiten Runde auf einer drei Kilometer langen flachen Rennstrecke variiert.

Geschwindigkeit eines Rennwagens auf einer Strecke von 3 km (2. Runde)

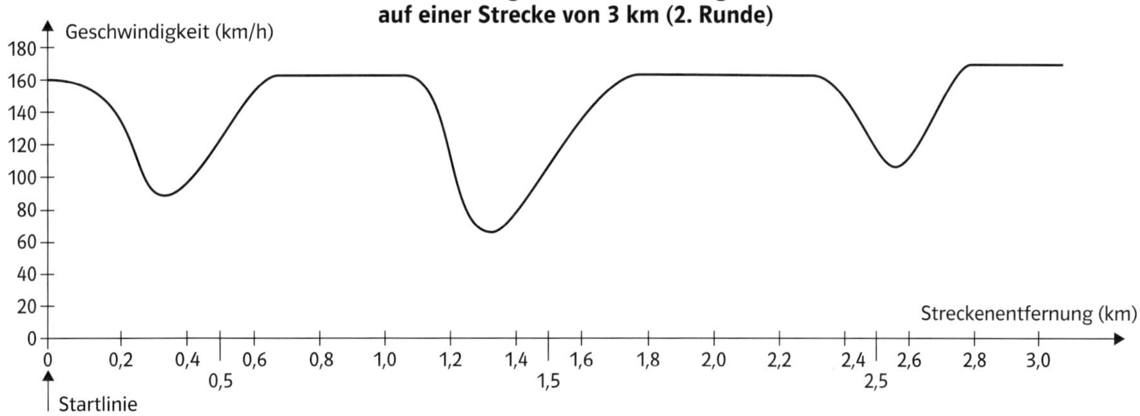

Dies sind Abbildungen von fünf Rennstrecken:
Auf welcher dieser Rennstrecken fuhr der Wagen so, dass der oben gezeigte Geschwindigkeitsgraph entstand? Begründet eure Antwort!

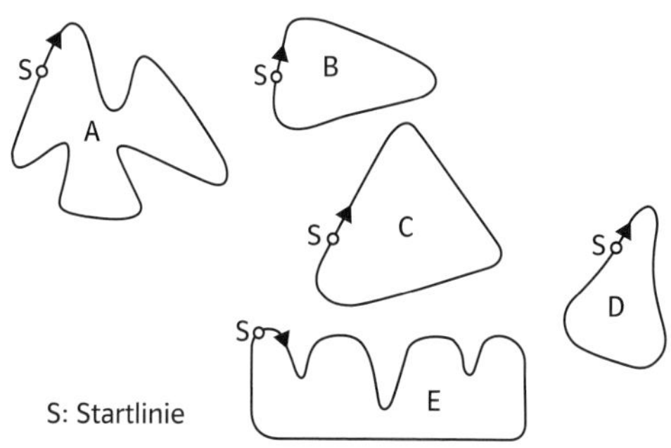

LS 06 Weitere gesetzmäßige Zuordnungen

		Zeit	Lernaktivitäten	Material	Kompetenzen
1	GA	20′	Die S führen ein Experiment nach Anleitung durch, ermitteln Messwerte und stellen ihre Ergebnisse in Tabellen und Graphen dar.	S 06.A 25	- Versuchsanordnungen lesen und befolgen - Verantwortung im Team übernehmen - Sachverhalte mit eigenen Worten formulieren - frei sprechen - Mitschrift anfertigen - aktiv zuhören und Fragen stellen - Graphen und Tabellen interpretieren - Tabellen erstellen - Graphen zeichnen
2	PL	25′	Einzelne Gruppenmitglieder referieren über die Gruppenarbeit und präsentieren die Ergebnisse so, dass die Mitschüler mitschreiben können.		
3	GA	15′	Die S erkennen den Zusammenhang zwischen Texten, Graphen, Formeln und Tabellen. Sie lernen, wie unterschiedliche Darstellungsformen in andere überführt werden. Die Lösungen werden vergleichen.	S 06.A26 – S 06.A29	
4	GA	20′	Die S teilen ihren Mitschülern Sachverhalte mit. Sie beantworten Fragen, vervollständigen Tabellen und zeichnen Graphen.	S 06.A26 – S 06.A29	

✓ Merkposten

Sie brauchen noch:
6 Wassergläser,
6 Trichter,
6 Gefäße mit Wasser,
6 Lineale,
6 Stoppuhren,
6 Stifte,
DIN-A4-Blätter

Erläuterungen zur Lernspirale

In dieser Lernspirale beschäftigen sich die S mit verschiedensten Zuordnungen. Gesetzmäßigkeiten sollen in unterschiedlichen Formen (Texte, Graphen, Formeln, Tabellen) erkannt und dargestellt werden.

Zum Ablauf im Einzelnen

1. Arbeitsschritt: Nach der Einteilung der Klasse in Vierergruppen wird jeder Gruppe per Losverfahren eine der sechs Teilaufgaben zugeteilt. Sind viele S in einer Klasse, können die Teilaufgaben auch mehrfach vergeben werden. Die Experimente werden nach Anleitung durchgeführt.

2. Arbeitsschritt: Für die Präsentationen werden einzelne S ausgelost, sie berichten über ihre Ergebnisse und interpretieren die erstellten Graphen. Die Graphen der verschiedenen Experimente der anderen Gruppen werden von den S ebenfalls in ihre Schulhefte übernommen.

3. Arbeitsschritt: Die Klasse wird in Dreiergruppen eingeteilt, jeder Gruppe wird eine der Aufgaben S 06.A26 – S 06.A29 zugeteilt. Die gestellten Aufgaben werden gelöst. Je zwei Gruppen mit der gleichen Aufgabe vergleichen ihre Ergebnisse untereinander. Der L kontrolliert die einzelnen Gruppenergebnisse auf Richtigkeit.

4. Arbeitsschritt: In Mix-Gruppen treffen sich je vier S mit verschiedenen Aufgaben und tauschen ihre Ergebnisse aus.

Anmerkung:

Die Wassergläser müssen einen konstanten Querschnitt haben (optimal sind Gläser mit vorhandenen Markierungen aus der Chemiesammlung). Die Querschnitte sollten nicht zu klein sein, damit eine Messung über einen längeren Zeitraum möglich ist. Bei besonders großen Querschnitten kann das Beobachtungsintervall (von 3 s) verlängert werden. Trichter mit kleinen Öffnungen sorgen für kleine Zuflussmengen.

Bleibt nach dem 4. Arbeitsschritt noch genügend Zeit, so kann ein 5. Arbeitsschritt angefügt werden, in dem jede Mix-Gruppe ein Plakat anfertigt. Diese Plakate werden bei einem anschließenden Museumsrundgang präsentiert.

LS 07 Graphen und Texte

		Zeit	Lernaktivitäten	Material	Kompetenzen
1	EA	10′	Die S strukturieren Texte und arbeiten die mathematischen Inhalte heraus. Sie stellen den Zusammenhang zwischen Texten und Graphen her.	S 07.A30	- lesen - Graphen interpretieren - kooperieren - Sachverhalte mit eigenen Worten formulieren - frei sprechen - aktiv zuhören und Fragen stellen - mathematisch argumentieren und begründen - andere Meinungen akzeptieren
2	PL	25′	Die S interpretieren Graphen und schreiben passende Geschichten dazu.	LS 07.M3, S 07.A31, DIN-A4-Blätter	
3	GA	15′	Die mathematischen Inhalte von Geschichten werden mithilfe von Graphen dargestellt und umgekehrt.	S 07.A32	
4	GA	20′	In Gruppen werden eventuelle Fehler gesucht, die S erklären sich gegenseitig mathematische Inhalte und streben gemeinsame Lösungen an.	S 07.A32, Heft	
5	PL	20′	Einige Beispiele werden präsentiert.		

Erläuterungen zur Lernspirale

In dieser Lernspirale wird Wert auf die Interpretation von Graphen gelegt. Zu vorgegebenen Graphen werden Texte erstellt.

Zum Ablauf im Einzelnen

1. Arbeitsschritt: In Einzelarbeit wird der Zusammenhang zwischen Geschichten und gegebenen Graphen erarbeitet.

2. Arbeitsschritt: Jeder der Graphen aus LS 07.M3 wird auf 2 bis 3 DIN-A4-Blätter kopiert. Die Abbildungen werden auf Tischen ausgelegt (pro Tisch eine Abbildung eines Graphen). Die S schauen sich die Graphen in Dreiergruppen an und schreiben eine Geschichte dazu auf die Rückseite des Blattes. Die nächste Gruppe, die an diesen Tisch kommt, darf nur die Geschichte sehen.

3. Arbeitsschritt: Je zwei Gruppen tauschen die Plätze. Die S sehen auf dem Tisch der anderen Gruppe jeweils nur die Geschichte, die deren Mitglieder vorher aufgeschrieben haben. Die S notieren sich Informationen aus der Geschichte, die sie für die Zeichnung benutzen wollen und zeichnen dann den passenden Graphen auf ein DIN-A4-Blatt.

4. Arbeitsschritt: Die beiden Gruppen, die ihre Plätze getauscht haben, treffen sich jetzt in einer Gruppe und besprechen die Ergebnisse (Stimmen die jeweiligen Graphen überein? Falls nicht: Ist die erfundene Geschichte falsch oder der erstellte Graph?) Gemeinsam verbessern die S ggf. die Geschichten, damit die Graphen eindeutig erstellt werden können und tragen die Ergebnisse in die Schulhefte ein.

5. Arbeitsschritt: Besonders interessante Arbeiten können präsentiert werden.

Notizen:

LS 07.M 3 Graphen

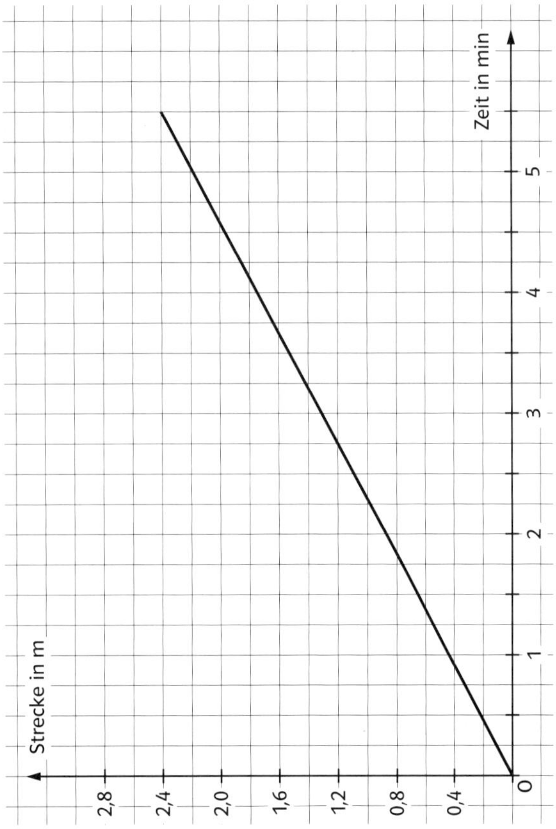

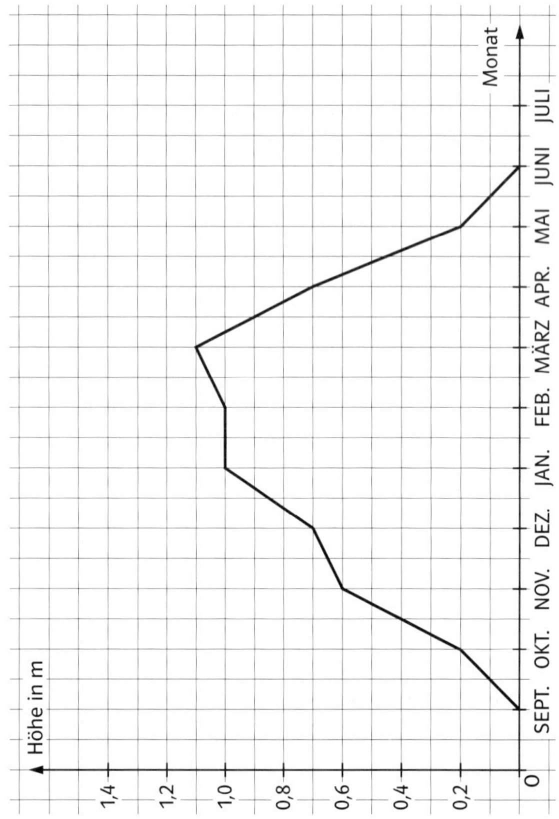

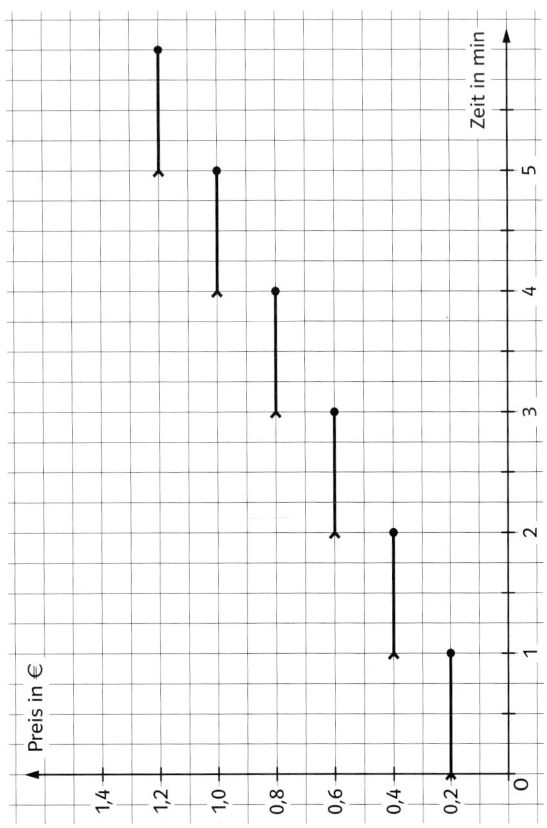

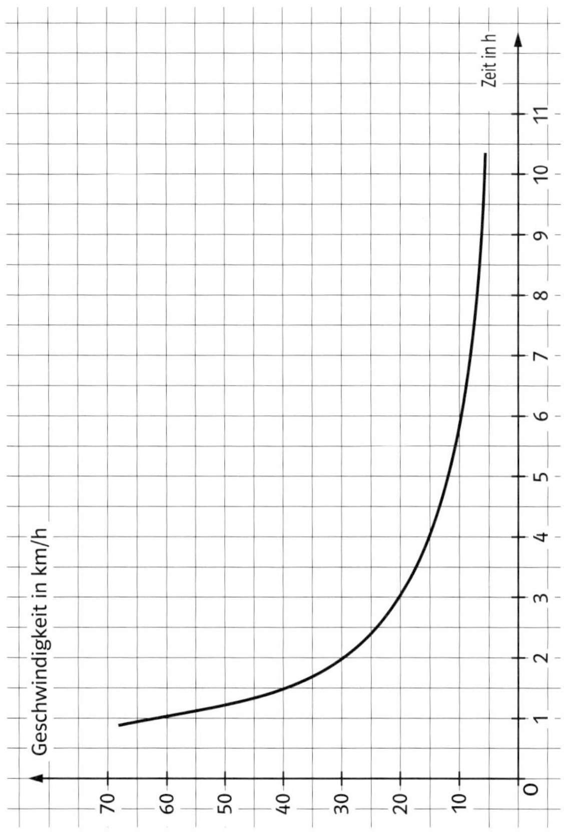

LS 08 Zusammenfassende Übungen – Selbsteinschätzung – Test

		Zeit	Lernaktivitäten	Material	Kompetenzen
1	EA/ PA	15′	Die Übungen werden als Hausaufgaben erledigt. Die S diskutieren über die Lösungen und räumen Unklarheiten im Partnergespräch aus. Die S und Schüler schätzen ihr Wissen anhand des Bogens „Selbsteinschätzung" selbst ein.	S 08.A33 – S 08.A37, S 08.A38, Kärtchen, Folien	- kritisch das eigene Können hinterfragen - Fragen stellen - aktiv zuhören - die eigenen Aufzeichnungen evtl. verbessern oder ergänzen
2	PL	15′	Offene Fragen zur HA und zur Selbsteinschätzung werden erkannt und besprochen.	Pinnwand	
3	EA	30′	Die S bearbeiten die Aufgaben des Tests.	LS 08.M4	
4	GA	30′	Sie vergleichen, verbessern und diskutieren ihre Lösungen (evtl. mithilfe des Lösungsbogens).	LS 08.M5	
5	GA	15′	Ungeklärte Probleme werden im Plenum besprochen.		

Erläuterungen zur Lernspirale

In dieser Spirale überprüfen die S ihr Wissen. Offene Fragen werden vor und nach dem Test besprochen und geklärt.

Zum Ablauf im Einzelnen

1. Arbeitsschritt: Die Übungsaufgaben werden als Hausaufgabe erledigt. Im Unterricht werden die Lösungen mit denen eines Partners verglichen. Offene Fragen werden im Partnergespräch geklärt. Alle Fragen, die zur zweit nicht geklärt werden können, werden auf Kärtchen notiert. Anschließend füllen die S den Selbsteinschätzungsbogen in Einzelarbeit aus. Auftretende Fragen zur Selbsteinschätzung werden ebenfalls auf Kärtchen geschrieben.

2. Arbeitsschritt: Die S heften die Fragen auf eine Pinnwand und clustern sofort.
Die Fragen werden im Plenum in einem L-S-Gespräch beantwortet.

3. Arbeitsschritt: Die S schreiben den Test.

4. Arbeitsschritt: Die S vergleichen und diskutieren anschließend in Gruppen die Lösungswege und Ergebnisse.

5. Arbeitsschritt: Noch bestehende Probleme können im Plenum erläutert werden.

Notizen:

LS 08.M 4 Test

1. Frau Lehmann benutzt für ihren Weg zur Arbeit den Bus und die U-Bahn.

a) Welche der angegebenen Geschichten passt zu dem abgebildeten Weg-Zeit-Diagramm? (Streiche die unpassenden Geschichten durch.)

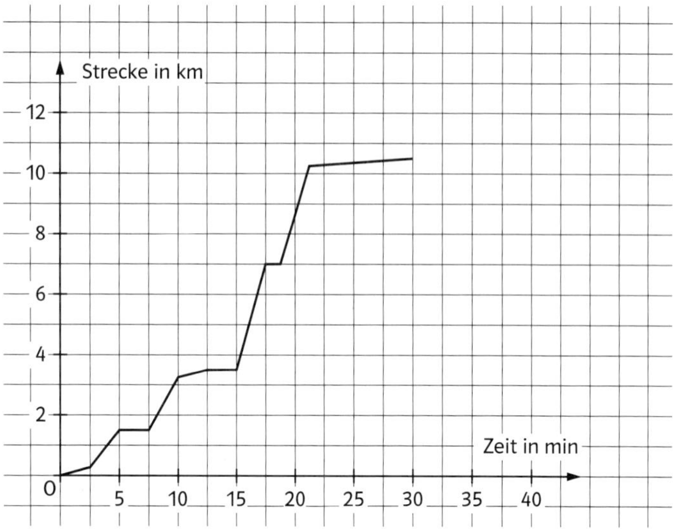

Geschichte 1 Frau Lehmann ist heute recht früh dran. Deshalb geht sie gemütlich zur Bushaltestelle. Sie wartet eine Weile, dann kommt der Bus und fährt los. Nach zwei Stationen läuft sie zur U-Bahn und dann läuft sie noch bis zu ihrer Arbeitsstelle.

Geschichte 2 Als Frau Lehmann aus der Haustür kommt, sieht sie den Bus ganz weit hinten schon kommen. Sie läuft zur Bushaltestelle und nachdem sie eingestiegen ist, fährt der Bus sofort los. Nach zwei Stationen geht sie zum U-Bahnhof, muss dort auf die U-Bahn warten und fährt auch mit der U-Bahn zwei Stationen weit. Von dort geht sie zu ihrer Arbeitsstelle.

Geschichte 3 Frau Lehmann geht zur Bushaltestelle, der Bus kommt und sie steigt ein. Nach ungefähr eineinhalb Kilometern biegt der Bus rechts ab, nach 2,5 Minuten wieder nach links. Nach einer weiteren Rechtskurve steigt sie in die U-Bahn, die nur einmal rechts abbiegt. An der Endhaltestelle muss Frau Lehmann dann rechts abbiegen und geradeaus zu ihrer Arbeitsstelle laufen.

Geschichte 4 Frau Lehmann muss ungefähr 250 m zur Bushaltestelle laufen. Dann fährt sie 3 km mit dem Bus und anschließend fast 7 km mit der U-Bahn. Um endgültig an ihre Arbeitsstelle zu kommen, muss sie noch 250 m laufen.

b) Wie weit ist Frau Lehmanns Arbeitsstelle von ihrer Wohnung entfernt?

c) Wie viel Zeit benötigt Frau Lehmann für die ersten 5 Kilometer?

2. Überlege, um welche Zuordnungen es sich handelt. Kreuze jeweils die entsprechende Zuordnung an. Bei dieser Aufgabe sollst du nicht rechnen, sondern „nur" denken!

a) 150 m eines bestimmten Wollfadens kosten 5,80 Euro. Wie viel kosten 450 m dieses Fadens?
Es handelt sich um eine …

☐ proportionale Zuordnung. ☐ antiproportionale Zuordnung. ☐ sonstige Zuordnung.

Begründung:

b) Aus der Geschichte Englands: Heinrich der 8. hatte 6 Ehefrauen. Wie viele Ehefrauen hatte Heinrich der 4.?
Es handelt sich um eine ...

☐ proportionale Zuordnung. ☐ antiproportionale Zuordnung. ☐ sonstige Zuordnung.

Begründung:

c) Fredi kauft für seine Goldfische eine Dose Fischfutter. Auf der Dose steht: „Der Inhalt reicht 30 Tage für 5 Goldfische."
Fredi hat aber nur 3 Goldfische. Wie lange reicht das Futter dann?
Es handelt sich um eine …

☐ proportionale Zuordnung. ☐ antiproportionale Zuordnung. ☐ sonstige Zuordnung.

Begründung:

....

....

3. Clara Durchblick soll in der Mathematik-Arbeit folgende Aufgabe lösen: Frau Affenzahn fährt mit ihrer Klasse in den Zoo. 6 Schüler hatten angegeben, dass sie keine Monatskarte haben. Frau Affenzahn ist sehr fürsorglich und kauft 6 Fahrscheine. Sie zahlt dafür 12 Euro. Als alle versammelt sind, stellt sich heraus, dass weitere 9 Schüler keine Monatskarte besitzen. Frau Affenzahn muss also noch zusätzliche Fahrscheine kaufen. Wie viel muss sie für die restlichen Fahrscheine bezahlen?
Clara löst die Aufgabe folgendermaßen:

$\frac{6}{12} = \frac{x}{9} \quad | \cdot 9$

$\frac{6 \cdot 9}{12} = x$

$x = 4{,}50$

Ist Claras Lösung richtig? Streiche ggf. den (oder die?) Fehler an und erkläre dann, was sie falsch gemacht hat bzw. worin der Fehler besteht.

4. Anton Planer hat für die Klassenfahrt einen Bus für 35 Personen bestellt. Jede Person hat 8 Euro zu bezahlen. Tatsächlich fahren nur 32 Personen mit. Wie viel muss nun jede Person bezahlen?

Anton rechnet folgendermaßen:

$35 \cdot 8 = 32 \cdot x \quad | : 32$

$\frac{35 \cdot 8}{32} = x$

$x = \frac{35}{4}$

$x = 8{,} 75$

Ist Antons Lösung richtig? Welche Eigenschaft welcher Zuordnung hat er benutzt?

....

5. Manuel sagt zu Sascha: „Eine proportionale Zuordnung erkenne ich sofort. Wenn es heißt ‚je mehr …, desto mehr …' liegt immer eine proportionale Zuordnung vor." Sascha antwortet: „Das ist sehr vereinfacht und stimmt nicht immer."
Nenne ein Beispiel, mit dem Sascha beweisen kann, dass er recht hat.

....

....

....

....

....

....

LS 08.M 5 Lösung zum Test

1. a) Geschichte 4 passt zum Diagramm.
b) Die Arbeitsstelle ist 10,5 km von der Wohnung entfernt.
c) Sie braucht rund 17 Minuten.

2. a) proportional;
b) sonstige Zuordnung;
c) antiproportional

3. So wäre die Rechnung richtig: $\frac{x}{9} = \frac{12}{6}$; $x = 18$

4. $35 \cdot 8 = 32 \cdot x$; Jeder muss 8,75 Euro zahlen.
Anton hat gewusst, dass die Wertepaare bei einer antiproportionalen Zuordnung produktgleich sind.

5. Je mehr es regnet, desto mehr ist die Straße nass.
Allerdings: Ist die Straße auch doppelt so nass, wenn es doppelt so viel regnet?

Kleiner Leitfaden

Liebe Kolleginnen und Kollegen,

dies ist ein Heft von Praktikern für Praktiker. Es wird Sie dabei unterstützen, Ihre Unterrichtsvorbereitung zeitlich zu minimieren und inhaltlich zu optimieren. Das gilt besonders für Unterrichtseinheiten, in denen Ihnen die Eigenverantwortlichkeit und Selbstständigkeit Ihrer Schüler und Schülerinnen am Herzen liegt.

Die angebotenen Spiralen stellen keine vollständigen Unterrichtseinheiten dar. Sie können also auch Teile davon in Ihrem Unterricht verwenden und dennoch die gesamte Einheit nach Ihren Vorstellungen gestalten.
Ebenso ist das umgekehrte Vorgehen möglich: Sie benutzen dieses Heft als Gerüst, das Sie mit eigenem Material füllen. Nach unserer Erfahrung wird die Übung und Festigung des Gelernten durch die Eigenverantwortlichkeit und Selbstständigkeit der Schüler und Schülerinnen stark gefördert.

Die Materialien im Lehrerband sind beispielsweise LS01.M1, usw. nummeriert, die Arbeitsaufträge im Schülerheft mit A1, A2 usw. Diese Bezeichnungen finden Sie in den Lernspiralen wieder.

Die Zeitvorgaben sind als Einheiten zu verstehen, die besonders am Anfang nicht notwendig Minuten entsprechen. Sind Ihre Schülerinnen und Schüler bereits mit den Methoden vertraut, werden sie sich sicher schneller zu einem Doppelkreis zusammenfinden oder zielstrebiger in Gruppen arbeiten. Sind die Methoden noch wenig vertraut, so darf es ruhig auch etwas länger dauern.

Einige Lösungen zu den Aufgaben befinden sich im Schülerheft und dienen der Selbstkontrolle der Schüler und Schülerinnen. Die Lösungen zu den abschließenden Tests befinden sich im Lehrerheft und könnten beispielsweise als Kopien auf dem Lehrertisch ausgelegt werden.

Wir wünschen Ihnen entspanntes Arbeiten und viel Erfolg!

Ihr Autorenteam

Cluster/Clustering: Begriffe werden auf Kärtchen geschrieben und an der Pinnwand/Tafel so geordnet bzw. verknüpft, dass sich Begriffsgruppen (= Cluster) ergeben.
Einzelarbeit (EA): Die Schüler sind bei der Bearbeitung des jeweiligen Arbeitsauftrags auf sich alleine gestellt und gehen in Stillarbeit daran, bestimmte Aufgaben zu lösen.
Expertengruppe: Die Mitglieder der betreffenden Gruppe spezialisieren sich auf ein bestimmtes Thema/ Material/Problem und erarbeiten sich korrespondierendes Expertenwissen. Sie bereiten Vorträge vor und halten diese vor der Klasse oder in anderen Gruppen.
Galerie/Museumsrundgang: Eine spezifische Form der Präsentation unterschiedlicher Gruppenprodukte. Zur Vorstellung der einzelnen Produkte werden Gruppen mit unterschiedlichen Produktverantwortlichen gebildet (siehe auch Mischgruppen). Diese Gruppen wandern von Station zu Station. An jeder Station erläutert der jeweilige Spezialist das Lernprodukt seiner Gruppe und stellt sich den Fragen der anderen. Auf diese Weise muss jeder Schüler einmal präsentieren.
Gruppenpuzzle: Ein gestuftes Verfahren der arbeitsteiligen Gruppenarbeit. In der ersten Stufe erhalten die Schüler unterschiedliche Aufgabenstellungen und gehen diese in Einzelarbeit durch. In der zweiten Stufe finden sie sich in aufgabengleichen Stammgruppen zusammen und besprechen/klären ihre spezifischen Fragen und Sichtweisen. In der dritten Stufe werden die Stammgruppenmitglieder so gemischt, dass mehrere Mischgruppen mit unterschiedlichen Spezialisten entstehen. Die betreffenden Spezialisten tragen ihre „Expertisen" vor und stellen sich den Fragen und/oder Anregungen der „Laien". In der vierten Stufe schließlich können die Schüler nochmals in ihre Stammgruppen zurückkehren, um eine abschließende Dokumentation zu ihrem Spezialgebiet zu erstellen.
Information/Übung mit Bewegung: Die S erhalten ein Arbeitsblatt bzw. einen Arbeitsauftrag und informieren sich – falls erforderlich – mithilfe von Materialien, die an den Wänden in mehrfacher Ausfertigung aushängen. Das Arbeitsblatt wird nicht mitgenommen, sondern es bleibt auf dem Tisch liegen, während ein S der jeweiligen Gruppe sich durch Aufstehen und gezielte Suche nach der gewünschten Information durch die Klasse bewegt.
Kartenspiel: Kartenspiele helfen, Gruppen zu bilden oder bestimmte Präsentatoren auszulosen. In Frage kommen fertige Kartenspiele (Skat- oder Rommékarten) oder spezifische Kartensets, die man selbst erstellen kann (Glückwunsch-, Ziffern- oder Begriffskarten).
Losverfahren: Die Schüler werden nach dem Zufallsprinzip gruppiert. Das kann durch Abzählen, Nummerierung von Arbeitsblättern oder durch Ziehen von Spielkarten, Puzzleteilen, Symbolkarten, Namenskarten etc. geschehen.
Mischgruppen: Die Mitglieder unterschiedlicher Stammgruppen werden quer gemischt, sodass sich in jeder Mischgruppe mindestens ein Vertreter aller Stammgruppen findet (siehe Gruppenpuzzle sowie Expertengruppe)
Mix-Paare/Mix-Gruppen: Die Paare bzw. Gruppen werden per Los- bzw. Abzählverfahren gebildet, sodass eine gewisse Leistungs- und Verhaltensheterogenität sichergestellt ist. Der Personen-Mix kann unter Umständen mehrfach nacheinander erfolgen.
Partnerarbeit (PA): Die Schüler arbeiten paarweise zusammen und berichten, helfen und unterstützen sich gegenseitig.
Plenum (Pl): Arbeitsphasen, in denen die Gesamtgruppe der Schüler angesprochen wird – durch Lehrervorträge, lehrergelenkte Unterrichtsgespräche oder Schülerpräsentationen.
Spickzettel: DIN-A7-Kärtchen, auf dem sich ein Schüler das Wichtigste zu einem bestimmten Thema stichwortartig notiert. Die Zahl der Wörter kann z. B. auf 10 begrenzt werden; Skizzen, Symbole und andere grafische Elemente können hinzukommen. Der Spickzettel sollte gut strukturiert sein und dient z. B. als Lernhilfe oder als Gedächtnisstütze bei Präsentationen.
Stammgruppe: Schülergruppe, die einen bestimmten Arbeitsauftrag zu erledigen hat. Siehe auch „Gruppenpuzzle".
Stationenlauf/Stationengespräch: Im Klassenraum gibt es mehrere Arbeits- bzw. Gesprächsstationen, die von Gruppen zu durchlaufen sind. Der Wechsel der Stationen kann nach einer bestimmten Zeit erfolgen, sofern der zeitliche Aufwand an jeder Station in etwa gleich groß ist. Der Stationenwechsel kann den Gruppen aber auch freigestellt werden – vorausgesetzt, es gibt genügend freie Stationen, die als „Puffer" dienen können. Die Gruppen erhalten einen Laufzettel oder tragen die absolvierten Stationen in ihre Hefte ein. Lösungsblätter oder Hilfekärtchen können auf dem Lehrertisch ausliegen.
Stimmungsbarometer: Skala, auf der die Schüler ankreuzen können, wie zufrieden oder unzufrieden sie mit einer bestimmten Unterrichtsphase sind (siehe auch Feedback).
Tandemarbeit (TA): Zwei Schüler arbeiten gemeinsam an einer Aufgabe. Sie lösen gemeinsam Probleme, halten sich wechselseitig Vorträge, unterstützen sich gegenseitig etc. (siehe auch Partnerarbeit)
Zufallsgruppe/Zufallstandem: Gruppen- bzw. Tandembildung mittels Abzählen, Spielkarten, Puzzlebildung, Namenskärtchen oder anderen Formen des Losverfahrens.

Weitere Begrifflichkeiten werden im Internet unter www.klett.de/klippert erklärt.